세계도시 바로 알기

8 동아시아 · 동남아시아

권용우

박영사

다양함이 녹아있는 아시아

머리말

제8권에서는 동아시아와 동남아시아를 담았다. 동아시아에는 대한민국, 중화인민공화국, 일본국이 있다. 본 서에서는 동남아시아 가운데 인도네시아 공화국, 말레이시아, 싱가포르 공화국, 베트남 사회주의 공화국, 타이 왕국, 필리핀 공화국, 중화민국을 다루기로 한다.

대한민국의 공식 언어는 한국어. 세종대왕이 1443년 창제해 1446년 『훈민정음』이라는 한글을 반포했다. 2023년 기준으로 1인당 명목 GDP는 33,393달러다. 세계 3위의 산업 강국이다. 노벨상 수상자는 1명이다. 2021년 유엔은 대한민국을 선진국으로 인정했다. 2022년 「완전한 민주주의 국가」로 공인됐다. 2015년 인구센서스에서는 개신교 19.7%로, 가톨릭을 7.9%로 조사했다. 개신교와 가톨릭을 합치면 기독교가 27.6%다. 불교는 15.5%다. 서울특별시는 1394년 이래 대한민국의 수도다. 부산은 해양도시다. 대구·인천·광주·대전·울산은 내륙 광역시다. 서울과 광역시 주변에 그린벨트가 설치되어 있다. 균형발전을 위해 행정도시 세종특별자치시를 세웠다.

중화인민공화국의 공식 언어는 표준 중국어다. 2023년 기준으로 1인당 명목 GDP는 12,541달러다. 세계적 상위 산업 품목이 25개 이상이다. 노벨상 수상자는 5명이다. 종교는 2021년 기준으로 전통 민속 종교 22%, 불교 18%, 개신교 5.1%, 무슬림 1.8% 등이다. 베이징은 1949년 이래 중화인민공화국의 수도. 상하이는 최대도시다. 광저우, 충칭, 선전, 텐진은 10,000,000명 이상의 대도시다. 난징은 한(漢)족들의 중심 도시다. 칭다오, 웨이하이는 해안도시다. 연변은 조선족 자치주다. 홍콩, 마카오는 특별행정구다.

일본의 국어는 일본어다. 2023년 기준으로 1인당 명목 GDP는 35,385달러다. 노벨상 수상자는 29명이다. 세계적 상위 산업 품목이 20개 이상이다. 도쿄는 1868년 이래 일본국의 수도다. 도쿄 남쪽에 항구도시 요코하마가 있다. 교토, 오사카, 고베, 나고야, 후쿠오카, 오키나와 등은 지역 중심도시다.

인도네시아 공화국의 국어는 바하사 인도네시아다. 2023년 기준으로 1인당 명목 GDP는 5,016달러다. 식품, 석탄, 제조 산업이 세계적이다. 노벨상 수상자는 3명이다. 종교는 2022년 기준으로 이슬람교 87.02%, 기독교 10.49%, 힌두교 1.69%, 불교 0.73%, 유교 0.03%다. 8세기 들어온 무슬림은 최대 종교다. 자카르타는 1949년 이래 인도네시아의 수도다.

말레이시아의 공용어는 말레이시아어다. 2023년 기준으로 1인당 명목 GDP는 13,034달러다. 경제는 농업, 광업이다. 노벨평화상 수상자가 1명 있다. 종교는 2020년 기준으로 이슬람교 64%, 불교 19%, 기독교 9%, 힌두교 6%다. 쿠알라룸푸르는 1963년 이래 말레이시아의 수도다. 행정도시는 푸트라자야다. 인근에 과학단지 사이버자야가 있다.

싱가포르 공화국의 공식어는 말레이어, 영어, 중국어, 타밀어 4개 언어다. 2023년 기준으로 1인당 명목 GDP는 87,884달러다. 종교는 2020년 기준으로 불교 31%, 기독교 19%, 이슬람교 16%, 도교/민간신앙 9%, 힌두교 5%다. 싱가포르는 1965년 독립 국가를 세웠다.

베트남 사회주의 공화국의 공식어는 베트남어다. 2023년 기준으로 1인당 명목 GDP는 4,316달러다. 농산물과 광물자원이 산출된다. 식품산업과 휴대전화 산업이 활성화됐다. 노벨평화상 수상자가 1명 있다. 종교는 민속/무종교가 73.7%다. 불교는 14.9%다. 기독교가 8.5%다. 하노이는 1010-

1802년의 기간과 1945년 이래 베트남의 수도다. 후에는 1802-1945년 기간 베트남의 수도였다. 최대도시는 호치민시다.

타이 왕국의 공식어는 태국어다. 2023년 기준으로 1인당 명목 GDP는 7,298달러다. 농업 31.6%, 산업 22.5%, 서비스업 45.9%다. 종교는 2023년 기준으로 불교 90%, 이슬람교 4%, 기독교 3% 등이다. 태국의 불교는 상좌부 불교가 주류다. 방콕은 1782년 이래 타이 왕국의 수도다.

필리핀 공화국의 공식언어는 필리핀어와 영어다. 2023년 기준으로 1인당 명목 GDP는 3,859달러다. 농업 24.6%, 산업 15.9%, 서비스 59.5%다. 종교는 2020년 기준으로 기독교 84.7%, 이슬람교 6.4% 등이다. 가톨릭이 78.8%다. 마닐라는 1595년 이래 필리핀의 수도다.

중화민국에는 공용어가 없다. 베이징 만다린어, 대만 민난어, 객가어, 중국 방언, 원주민 언어를 쓴다. 컨테이너, 반도체, 인공지능, 로봇밀도, TV세트판매 산업이 세계적이다. 2023년 기준으로 1인당 명목 GDP는 32,339달러다. 노벨상 수상자는 4명이다. 종교는 2020년 추정으로 불교 35.1%, 도교 33.0%, 기독교 3.9%, 일관도 3.5%, 천지교 2.2%다. 타이페이는 1894년 이래 대만의 수도다.

사랑과 헌신으로 내조하면서 원고를 리뷰하고 교정해 준 아내 이화여자대학교 홍기숙 명예교수님께 충심으로 감사의 말씀을 드린다. 원고를 리뷰해 준 전문 카피라이터 이원효 고문님께 고마운 인사를 전한다. 특히 본서의 출간을 맡아주신 박영사 안종만 회장님과 정교하게 편집과 교열을 진행해 준 배근하 차장님께 깊이 감사드린다.

2024년 2월
권용우

XI 동남아시아

X

동아시아

Incheon

■ SEOUL

Gangwon

Gyeonggi

North Chungcheong

Sejong

South
Chungcheong

Daejeon

North Gyeongsang

North Jeolla

Daegu

Ulsan

South Gyeongsang

Gwangju

Busan

South Jeolla

Jeju

53

대한민국

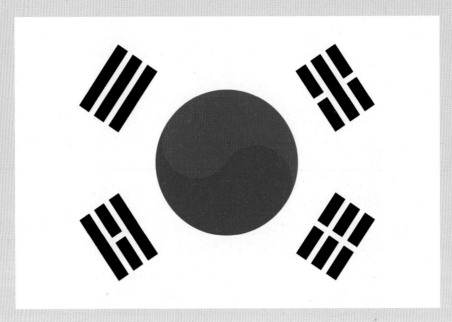

그림 1 대한민국 국기

01 대한민국 전개과정

대한민국은 약칭으로 한국, 남한이라 한다. 한자로 大韓民國, 韓國, 南韓으로 표기한다. 영어로 Republic of Korea(R.O.K.), Korea, South Korea라 쓴다. 동아시아의 한반도 군사 분계선 남부에 위치한다. 2023년 기준으로 100,410㎢ 면적에 51,966,948명이 거주한다. 헌정체제는 대한민국 제6공화국이다. 국기는 태극기다. 국가는 애국가, 국화는 무궁화다. 공용어는 한국어 한글이다. 수도는 서울이다.

대한민국(大韓民國)이란 나라 이름(國號) 중 '한' 또는 '대한'의 어원은 삼한시대로 거슬러 올라간다. 한반도에 위치한 세 나라 고구려, 백제, 신라를 삼한이라 했다. 삼한이 '삼국'으로 이어졌다. 삼한이 통일되었다는 의미에서 대한(大韓)이라 했다. 대한민국은 '한(韓)의 나라'라는 뜻이다. 한(韓)이라는 말은 고대부터 종교적·정치적 의미가 복합되어 내려온 낱말이다. 한은 '하나, 하늘, 크다' 등의 뜻을 담았다. 1897년 고종이 대한제국을 선포하면서 근대 국가의 국호로「대한(大韓)」을 다시 선택했다. 대한민국 임시정부에서 대한에 민국(民國)을 더해 대한민국(大韓民國)을 국호로 결정했다. 1948년 제헌 국회에서 대한민국 국호를 헌법에 명시했다. 1950년 국무원 고시로 국호가 대한민국으로 확정됐다. 대한민국 국민은 자국을 호칭할 때 흔히 '우리나라'라고 한다. 대한민국은 인종을 지칭하는 환유어(換喩語)로 사용된다.

Korea란 영문 국호는 5세기 Goguryeo(고구려)의 단축형인 Koryeo(고려)에서 유래됐다. 5세기 고구려 장수왕 때 국호를 高麗(고려)로 변경했다. 918년 건국된 중세 왕조 고려(高麗)가 이를 계승했다. 아랍과 페르시아 상인들에 의해 「고려」라는 국명이 세계에 알려졌다. 1511년 포르투갈인 알부케르케가 Gores라는 지명을 썼다. 1568년 포르투갈 지도에 Conrai로 기록됐다. 1630년 알베르즈 1세 지도에 Corea가 표기됐다. '고려'를 Core, Kore(코레), Kori(코리)로 불렀다. 이 명칭에 '~의 땅'을 뜻하는 '-a'를 붙여 Corea(코레아), Korea(코레아), Koria(코리아)가 됐다. '고려인의 땅'이라는 뜻이다. 프랑스어로 Corée, 스페인어로 Corea, 영어로 Korea라 불렸다. 영어명칭 Republic of Korea는 약칭으로 'R.O.K. 또는 ROK'라 쓴다. 관습상으로 간단히 Korea라 불린다. 국제 표준화 기구에서는 약칭 'KOR 또는 KR'로 표기한다.

중화인민공화국, 중화민국, 일본, 베트남 등 한자 문화권 국가들은 대한민국을 간단히 「한국」으로 부른다. 한국은 중국어 정체자로 韓國, 간체자로 韩国, 병음으로 hánguó(한궈)라 한다. 일본어로는 韓国(간코쿠), 베트남어로는 Hàn Quốc(한 꾸옥)이라 한다. 한반도 전체를 부를 때는 「조선」이라 부른다. 중국어 정체자로 朝鮮, 간체자로 朝鲜, 병음으로 cháoxiǎn(차오시엔)이라 한다. 일본어로는 朝鮮(조센), 베트남어로는 Triều Tiên(찌에우 띠엔)이라 사용한다.

대한민국 국기는 태극기(太極旗)다. 1882년 대한제국 고종이 도안해서 사용했다. 1897년 대한제국에서, 1919년 대한민국 임시정부의 공식 국기로 사용됐다. 1945년 8월 15일 대한민국은 태극기를 국기로 채택했다. 「대한민국국기에관한규정」(1984-2007)과 「대한민국국기법」(2007-현재)으로 확정했

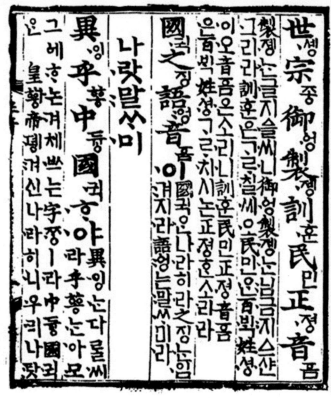

그림 2 **대한민국의 세종대왕 동상과 「훈민정음」**

다. 직사각형 흰색 바탕을 배경으로 중앙에 빨간색과 파란색의 태극 문양으로 구성되어 있다. 각 모서리에 검은 색의 건곤감리 4괘가 둘러싸고 있다. 깃발의 바탕색은 흰색이다. 흰색은 한국인의 전통 의상인 한복에서 흔히 볼 수 있는 한국 문화의 전통색이다. 흰색은 평화, 순결, 밝음을 나타낸다. 중앙의 태극 문양의 원은 우주의 균형을 상징한다. 아래쪽의 파란색은 음(하늘)을, 위쪽의 빨간색은 양(땅)을 나타낸다. 네모서리의 건곤감리(乾坤坎離) 4괘(四卦)는 여러 의미를 담고 있다. 3개의 건괘(乾卦)는 하늘, 정의를, 6개의 곤괘(坤卦)는 땅, 생명력을, 5개의 감괘(坎卦)는 물, 지혜를, 4개의 이괘(離卦)는 불, 결실을 의미한다.그림 1

　대한민국의 공식 언어는 한국어(韓國語)다. 한국말, 한글이라고도 한다. 조선민주주의인민공화국에서는 조선어/조선말로 부르며 공용어로 사용한다. 조선의 4대왕 세종대왕이 1443년 완성해 1446년 『훈민정음』이라는 제목의 한글을 반포했다.그림 2

한국어의 계통에 대해서 정설이 성립되어 있지 않다. 중세 한국어 이전의 기록이 부족하다. 알타이어족 설이 유력하다. 한국어가 몽골어, 퉁구스어, 튀르키예어와 같은 어족이라는 주장이 있다. 그 논거로 ① 모음조화가 존재한다. ② 용어에 굴절이 있는 교착어다. ③ 어순이 SOV(주어, 목적어, 동사)다. ④ 모음교체, 자음교체, 문법적 성(性), 어두자음군이 없다는 점을 열거했다. 그러나 한국어가 알타이어족과는 달리 ① 기초 어휘가 거의 일치하지 않고 ② 음운 대응의 규칙성이 정확하지 않다는 이유로 알타이어족 설에 반대하는 논리가 있다. 한국어를 고립어(language isolate) 또는 한국어족으로 분류하는 학설이 있다. 그 논거로 알타이어족과 한국어의 공통 어휘가 적거나 재구성하기 어렵다는 점을 든다. 그러나 한국어는 8천 여만 명이 모국어로 사용하기에 고립어로 분류하기 어렵다는 지적이 있다. 한국어와 일본어의 문법과 어휘가 유사하다는 연유로 한국어와 일본어가 같은 계열의 언어라는 학설도 있다.

대한민국은 한(韓)민족, 한인(Korean)의 나라라고 말한다. 한인으로서의 공통의 혈통, 정체성을 공유하는 아시아계 민족이다. 한민족은 문화적 개념이다. 정치적 개념인 국민과는 다르다. 대한민국 국민은 대부분 혈통적으로 한국인이다. 한민족은 한민족의 언어, 한국의 민족주의 등의 내용이 포괄된 개념이다. 대한민국은 상대적으로 동질적인 단일 한민족으로 구성되어 있다. 한민족의 구성 비율은 전체 국민의 96%로 추산된다.

대한민국은 동아시아의 한반도에 위치하고 있다. 한반도는 동북아시아의 중심에 있다. 북위상으로 33-43도, 동경상으로 124-132도에 위치한다. 남북의 길이 950km, 동서 길이 540km다. 압록강을 경계로 중국과 경계를 이룬다. 북동쪽으로는 두만강을 경계로 중국과 러시아와 마주하고 있다. 삼면이 바다다. 동쪽은 동해, 서쪽은 서해/황해, 남쪽은 남해라 한다. 서쪽의 중국과는 서해로, 남동쪽의 일본과는 남해, 동해로 접해 있다. 한반도의 동부와 북부는 높은 산들로 이루어진 산지 지형이다. 서부는 완만한 경사를 이룬다. 서해로 흘러드는 하천에 의해 충적평야와 구릉지가 형성됐다. 백두산이 높이 2,744m로 제일 높다. 북부의 개마고원은 고지대다. 반도의 동해안을 따라 태백산맥이 뻗어 있다. 제주도, 거제도, 진도, 강화도 순으로 도서의 면적이 넓다. 서해안과 남해안은 리아스식 해안이 발달되어 있다. 서해안은 조수 간만의 차가 크다.

여름에는 태평양의 해양성 기후의 특색으로 고온다습하다. 계절은 사계절이 뚜렷이 나타난다. 북부 지역은 여름과 겨울이 길다. 남부 지역은 봄과 가을이 길다.

BC 2333년 고조선이 세워졌다. BC 37-668년 기간에 고구려/고려가, BC 18-660년 사이에 백제가, BC 57-935년 기간에 신라가 존속했다. 688년 신라는 고구려, 백제, 신라의 삼국과 발해를 통일했다. 918-1392년 사이에 고려왕조가, 1392-1897년의 기간에 조선 왕조가 한반도를 통치했다. 1897-1910년 사이에 존속했던 대한제국은 1910년에 일본제국에 합병됐다. 1919년 3월 1일 일본제국으로부터 독립을 선언했다. 1919년 4월 11일 대한민국 임시정부가 중화민국 상하이시에서 수립됐다. 임시정부는 1948년 8월 15일 해산했다. 수도는 서울로 했다. 임시정부 소재지는 상하이(1919-1932), 항저우(1932-1935), 자싱(1935), 난징(1935-1937), 창사(1937-1938), 광저우(1936-1939),

치장(1939-1940), 충칭(1940-1945), 서울(1945-1948)이었다. 1945년 9월 2일 일본이 항복했다. 1945년 9월 8일 38도 이남의 남쪽 지역이 미국의 관리에 들어갔다. 북쪽 지역은 소련이 진주했다. 통일 협상이 결렬됐다. 1948년 8월 15일 남쪽 지역은 자유주의 대한민국으로 건국됐다. 북쪽 지역은 공산주의 조선민주주의인민공화국이 됐다. 1950년 북한의 남침으로 한국전쟁이 발발했다. 미국이 주도하는 유엔군과 소련의 지원을 받는 중국 인민 지원군이 참전한 대규모 전쟁이었다. 1953년 휴전했다. 대한민국 경제는 피폐화됐다.

1948-1960년 기간의 제1공화국은 1960년 4월혁명으로 끝났다. 1960-1961년 사이의 제2공화국은 1961년 5.16 군사정변으로 무너졌다. 1962-1972년 기간에 제3공화국이 존속했다. 피폐해진 한국 경제는 급속하게 성장했다. 국제 무역과 경제 세계화로 대한민국은 세계 경제에 진입했다. 1972년 유신체제로 제4공화국이 들어서 1972-1981년 기간 지속됐다. 1979년 대통령 암살과 군사정변이 일어났다. 1981-1988년 사이에 제5공화국이 존속했다. 1987년 6월 항쟁이 터져 6.29 민주화 선언이 천명됐다. 1987년 10월 29일 대통령 직선제가 도입됐다. 대한민국 헌법은 1952년 제1차 개헌부터 1987년 제9차 개헌까지 아홉 차례 개정됐다. 제6공화국은 1988년 2월 25일 출범해 2024년 오늘에 이른다. 1988년 이후 국민들은 직접 선거를 통해 8명의 대통령을 선출했다.

대한민국 경제는 자유 시장의 자본주의에 기반한 혼합 경제 체제다. 대한민국은 선진국으로 도약했다. 대한민국의 경제 발전을 「압축 성장의 모델」, 「한강의 기적」이라고도 한다.

대한민국은 정부 수립 이후 한국전쟁을 겪으면서 경제가 피폐화됐다. 1950년대 기술관료를 양성했다. 산업은 쌀, 밀, 면화 등의 농업이었다. 미국으로부터 잉여 농산물, 소비재 등을 무상 지원 받았다. 1958년 미국의 경제 불황으로 유상 차관으로 전환됐다. 1960년대 기술관료 중심으로 경제 개발 계획을 준비했다. 1961년 제3공화국에서 국가 중심의 경제 체제를 구축했다. 경제 개발 5개년 계획을 추진했다. 수출 산업을 육성하고 사회 간접 자본을 확충했다. 1970년대 수출 주도형 중공업을 육성했다. 1973년과 1978년에 오일 쇼크를 겪었다. 건설업의 중동 진출을 도모했다. 고도 성장으로 국민생활 수준이 향상됐다. 1980년대 원유·달러·금리 등의 3저 호황으로 경제는 안정됐다. 1990년대 자본·금융 시장이 개방됐다. 1993년에 쌀 개방을 추진했다. 1995년 세계 무역 기구에 가입했다. 1996년 경제 협력 개발 기구인 OECD에 가입했다. 1997 IMF 구제금융을 받는 상황이 됐다. 기업이 파산하는 경제난을 겪었다. 금 모으기 운동 등으로 경제난을 극복했다. 1998년 신자유주의 경제 정책을 추진했다. 2001년 8월 23일 IMF 체제를 끝냈다. 대한민국은 경상수지 흑자와 고도 경제 성장에 박차를 가했다. 2010년 1인당 명목 국민소득 20,000달러를 돌파했다.

대한민국은 천연자원이 부족하고, 시장규모가 좁아, 수출주도형의 경제 정책을 추구했다. 경제개발 5개년 계획을 수립했다. 제1차 기간(1962-1966)에 수출은 연평균 40% 이상의 신장률을 나타냈다. 1964년 수출 1억 달러를 돌파했다. 이날을 기념해 수출의 날로 정했다. 제2차 기간(1967-1971)에 연평균 수출은 35% 이상, 수입은 24% 이상의 증가율을 나타냈다. 1971년 수출 10억 달러를 돌파했다. 제3차 기간(1972-1976)에 제1차 오일 쇼크를 겪었다. 제4차 기간(1977-1981)에 연평균 수출 20.6%, 수입 24.7%를 기록했다. 제2차 오일 쇼크, 주요 선진국의 보호무역주의 강화, 임금상승의 노사분규, 고금리, 기업체질 약화, 정치적 불안정 등으로 경제적 어려움을 겪었다. 그러나 1977년에 수출 100억 달러, 1981년에 수출 200억 달러를 돌파했다. 제5차 기간(1982-1986)에 고도성장이 둔화했다. 세계 각국이 통화긴축정책과 자국산업 보호조치를 취했다. 국제금리가 급상승했다. 산업구조의 미성숙, 기술저위(低位), 저부가가치 상품위주의 시장전략이 한계를 드러냈다. 1979-1985년 사이에 경상수지 적자가 확대되고, 총외채가 증가했다. 1985년 3월 달러가 약세로 반전했다. 하반기에 OPEC 회원국 간의 고유가·감산(減産) 공조체제가 무너지면서 원유가격이 폭락했다. 각국은 금리를 인하했다. 유가와 금리가 떨어지고, 달러가 약세로 돌아서면서 대한민국은 활기를 찾았다. 수출 증가율은 1986-1988년 기간 평균 연 20% 이상 신장했다. 수입증가율은 연 18% 선에 머물렀다. 수입증가는 시장개방에 따른 수입자유화조치가 주원인이었다. 수출은 1985년 300억 달러, 1988년 600억 달러를 돌파했다. 1986년 대외교역사상 최초로 무역수지 흑자를 기록했다. 흑자 폭이 매년 확대됐다. 1989년 채무국에서 채권국으로 탈바꿈했다.

수출은 1993년 말부터 본격적인 활기를 찾았다. 2011년 11월에 수출액이 5,000억 달러를 돌파했다. 2011년 12월에는 총무역액이 연간 1조 달러를 넘었다. 세계 9번째로 무역규모 1조 달러 국가로 올라섰다. 주요 무역 상대국은 아시아, 아메리카, 유럽, 대양주 국가들이다. 1990년대 이후 대한민국은 노동자 임금이 상대적으로 싼 해외로 공장을 이전해 상품을 생산했다. 중국, 베트남, 태국, 인도네시아, 인도, 중앙 유럽 등지로 진출했다.

수출품목은 조선, 가전제품, 반도체, 기계, 자동차, 전기차, 2차전지, 전자, 철강, 무기, 휴대전화, 기기와 장치, 식품, 영화, 플라스틱, 유기화학 등이다. 수입품목은 광물 연료, 기계, 집적회로, 기기와 장치, 차량과 부품, 광석 슬래그, 철강, 유기화학, 농산물 등이다.

대한민국은 2000년대 들어서 비약적인 성장을 이루었다. IMF가 2023
년 기준으로 발표한 대한민국의 1인당 명목 국민총생산(GDP)은 33,393달
러다. 세계은행이 2022년 기준으로 발표한 대한민국의 1인당 명목 국민총
소득(GNI)은 35,990달러다. UNDP가 2021년 자료를 토대로 2022년에 발표
한 대한민국의 인간개발지수(HDI)는 0.925로 세계 20위다. 2021년 7월 제
네바에서 제68차 유엔무역개발회의가 열렸다. 이 회의는 대한민국의 지위
를 선진국 그룹의 「의견 일치」로 변경해 선진국으로 인정했다. 세계무역기
구는 2022년 기준으로 대한민국의 수출규모가 세계 7위라 발표했다. 세계
은행은 2022년 대한민국의 수출규모는 GDP의 80%라 집계했다. 대한민국
은 2022년 기준으로 『이코노미스트』의 민주주의 지수 조사에서 8.03을 얻
었다. 세계 24위를 기록해 「완전한 민주주의 국가」로 공인됐다. 2023년 기
준으로 대한민국은 GFP 검토대상 145개 국가 중 6위의 군사대국으로 평가
됐다. 2000년 김대중 대통령이 노벨 평화상을 수상했다. 대한민국은 G20,
개발 원조 위원회, 파리 클럽 등의 일원이다. 초고속 인터넷과 조밀한 고속
철도 네트워크를 구축했다. 대한민국의 교육 시스템과 양질의 기술 역량은
첨단 기술과 경제 발전에 중요한 역할을 했다.

대한민국의 주요 산업은 농업이었다. GDP에서 차지하는 농업 비율은
건국 초기 50%에서 2005년 2.9%로 떨어졌다. 농업종사자 비율은 1970
년 50%에서 2008년에 7%로 감소했다. 2022년 기준으로 농업 인구는
2,470,000명이고, 농경지 면적은 국토의 17%다. 경작지의 3분의 2는 논이
고 쌀을 주로 재배한다. 도시 농업과 스마트 농업이 논의되고 있다.

대한민국의 공업은 제철, 제련으로부터 출발했다. 19세기 말 외국자본
유입에 맞서 국채 보상 운동이 전개됐다. 1920년대 방직과 면공업 중심의

그림 3 현대중공업, 삼성중공업, 대우조선해양, 한화오션 로고

민족자본 형성을 도모했다. 국산 공산품을 활용하자는 물산 장려 운동이 펼쳐졌다. 1960년대 이후 공업화 정책이 추진됐다. 1960년대 수공업과 근로자 파견이 진행됐다. 식료품, 섬유 공업이 발달했다. 1970년대 중화학 공업, 제조업, 수출 위주의 공업정책이 전개됐다. 1980년대 섬유, 의류, 전자, 건설, 중화학 공업이 발달했다. 2017년 기준으로 부문별 GDP는 농업 2.2%, 산업 39.3%, 서비스 58.3%다. 2000년대 대한민국 산업은 조선, 전자제품, IT, 첨단 전자부품, 자동차, 건설, 무기, 철강업 등의 분야에서 세계적 최상위 국가에 진입했다.

  대한민국은 1970년대-1980년대에 초대형 석유 유조선과 석유 시추 플랫폼을 포함한 주요 선박 생산국이 됐다. 1972년 현대중공업이 울산에서, 1973년 대우조선해양이 거제도 옥포에서, 1974년 삼성중공업이 거제에서 조선업을 시작했다. 대우조선해양은 2023년 한화오션으로 바뀌었다. 2022년 기준으로 조선업은 친환경 선박 시장 점유율에서 세계 1위를 차지했다.그림 3

전자산업은 1980년대 이후 한국의 경제성장을 주도하는 산업 가운데 하나다. 삼성전자, SK하이닉스, LG전자 등의 기업이 활동한다. 반도체, TV, 핸드폰, 디스플레이, 컴퓨터 등을 생산한다. 2022년 기준으로 대한민국은 세계 반도체 시장 점유율 17.7%를 기록했다. 2013년부터 10년 연속 세계 2위였다. 전자산업 세계시장 점유율은 메모리반도체 시장의 60.5%, DRAM 시장의 70.5%, NAND 시장의 52.6%다. 세계 파운드리 시장점유율은 17.3%다(Invest Korea).

대한민국의 자동차 산업은 세계적이다. 자동차산업은 1958년에 시작했다. 1980년대 이후 자동차 산업은 대한민국 성장을 견인하는 성장산업으로 성장했다. 주요 수출산업 중 하나다. 1988년 승용차, 버스, 트럭 등의 자동차 생산이 1,100,000대였다. 1988년 자동차 수출은 576,134대였다. 현대/기아차가 대한민국의 대표적 자동차 제조기업이다. 1990년대 이후 디자인, 퍼포먼스, 기술 측면에서 각광받는 자동차를 생산한다. 2022년 기준으로 대한민국은 세계 5위의 자동차 제조국가다. 국내 자동차 생산량은 3,760,000대였다.

건설은 1960년대 초반부터 중요한 수출 산업이었다. 1938년에 세운 삼성물산이 건설 분야에 공헌했다. 도로, 교량, 터널, 항만, 지하철, 댐 등을 건설했다. 두바이의 828m 높이 부르즈 칼리파, 말레이시아의 페트로나스 타워와 PNB 118, 사우디 증권거래소 타다울 타워 등 초고층 빌딩 프로젝트에서 중요한 역할을 했다. 인천 국제공항, 기흥 반도체단지, 다카 샤잘랄 국제공항 제3터미널, 영국의 머지 게이트웨이 브리지, 사우디아라비아의 리야드 메트로, 부산 신항만 건설에 참여했다. 1981년에는 중동 지역을 중심으로 한 해외 건설사업이 국내 건설사 전체 공사의 60%를 차지했다. 동아건설은 리비아 대수로공사 프로젝트를 완료했다.

대한민국은 1970년대부터 자체 무기를 제조하는 방위산업을 시작했다. 1980년대부터 자주포, 소총, 유도 미사일 호위함, 유조선, 상륙 돌격함, 훈련기, 전투기, 공격용 헬리콥터, 대공방어 시스템 등을 생산해서 수출한다. 첨단 군사 하드웨어의 다양한 핵심 부품을 수출한다. 대한민국 정부는 2017-2021년 기간 동안 세계 8위의 무기 수출국이라고 발표했다.

대한민국의 철강업은 1960년대에 본격화됐다. 철강 생산은 1962년 140,000t, 1974년 3,290,000t, 1976년 4,110,000t으로 증가됐다. 1973년 이후의 일관제철 시스템을 가동했다. 철강재 수입은 반성품, 특수강제품, 대형형강(大型形鋼) 등을 수입했다. 1976년에 740,000t을 수입했다. 1973년 6월 포항제철이 준공됐다. 2023년 기준으로 조강생산능력은 43,000,000t이다. 설비규모면에서 선진철강국으로 부상했다.

대한민국은 우측 통행을 한다. 31개의 고속도로, 국도, 지방도 등이 있다. 도시철도는 수도권, 부산, 대구, 대전, 광주 등에서 운행된다. 1974년 8월 15일 개통된 수도권 도시철도는 14개 노선이다. 504개 역, 총 길이 755㎞다. 도시철도는 운행 시간이 정확하고 위생환경이 쾌적하다. 2003년 도시철도 자재가 불연성 재질로 바뀌었다. 방독면, 소화기 등이 비치되어 있다. 사고 방지를 위해 승강장에 스크린도어가 설치됐다.

2004년 7월부터 도입된 서울의 버스 시스템은 ① 중·장거리 지역을 운행하는 파란색의 간선버스, ② 지하철역과 버스정류장을 연결하는 초록색의

그림 4 대한민국 서울의 대중 버스

지선버스, ③ 서울과 수도권을 직행으로 운행하는 붉은색의 광역버스, ④ 서울 도심 지역을 순환하는 노란색의 순환 버스, ⑤ 주거지 단거리를 다니는 초록색의 소형 마을버스 등으로 나뉜다.그림 4

　대한민국 철도와 광역전철의 총 연장 길이는 3,000㎞다. 1963년부터 철도청에서 관리했다. 2005년에 기업 관리로 전환했다. 국유 철도는 한국철도공사와 한국철도시설공단이 관리한다.

　대한민국은 1948년 국내선을, 1954년 이후 국제선을 운항했다. KNA는 1962년 대한항공공사로 개칭했다. 1969년 국영에서 민영으로 전환했다. 대한항공으로 개명됐다. 1988년 제2민간항공인 아시아나항공이 세워졌다. 제주항공, 이스타항공, 진에어, 에어부산 등 저가항공사가 등장했다.

2020년대 대한민국의 한류문화는 세계적인 영향력을 미치고 있다. 대한민국의 문화콘텐츠 개념은 1999년부터 논의됐다. 문화콘텐츠 범위는 방송콘텐츠, 공연, 게임, 공간콘텐츠 등이다.

2022년 기준으로 대한민국의 영화 수익은 전 세계 10위권 이내다. 2012년 베니스영화제에서 『피에타』로, 2019년 칸 영화제에서 『기생충』으로 수상했다. 한류우드(Hallyuwood)는 한국어 엔터테인먼트와 영화 산업을 설명하는 비공식 용어다. 2023년 기준으로 헐리우드, 볼리우드, 한류우드는 세계 엔터테인먼트 산업의 3대 기둥으로 평가됐다. 빌보드 차트는 1913년부터 미국과 전 세계를 대상으로 노래와 앨범의 주간 인기도를 발표한다. 대한민국 뮤지션 가운데 방탄소년단, 블랙 핑크, 슈퍼 엠, 스트레이 키즈, TXT, 뉴진스 등이 「빌보드 200」 1위에, 방탄소년단, 지민 등이 「빌보드 핫 100」 1위에 올랐다. 대한민국 아이돌(Idol)은 K-pop 그룹의 구성원이나 솔로로 활동하는 연예인을 말한다. 비주얼·음악·패션·댄스 등이 하이브리드로 융합된 결정체다. 한국의 아이돌은 1992년 「서태지와 아이들」부터 시작해 2023년 「방탄소년단(BTS)」까지 이어진다. 위키피디아는 1990년대-2020년대 사이 활동한 한국의 아이돌 그룹이 500여개 그룹이라고 집계했다.

대한민국은 「국제 쇼팽 피아노 콩쿠르」에서 2005년과 2015년에 수상했다. 「반 클라이번 피아노 콩쿠르」에서 2005년, 2009년, 2017년, 2022년에 수상했다. 「퀸 엘리자베스 콩쿠르」에서 1976년, 1985년, 2011년, 2012년, 2014년, 2015년, 2022년, 2023년 수상했다. 「차이코프스키 국제 콩쿠르」에서 1974년, 1994년, 2002년, 2011년, 2015년, 2019년, 2023년 수상했다.

대한민국은 1988년에 하계 올림픽을, 2018년에 동계 올림픽을 개최했다. 2002년에 대한민국과 일본은 FIFA 월드컵을 개최했다.

그림 5 개신교
새문안 교회(1887),
가톨릭 명동 성당
(1898), 불교 조계
사(1395)

국제 박람회 기구(BIE)는 국제 등록 박람회와 국제 인정 박람회의 두 가지 박람회를 관리한다. 대한민국은 1993년 「대전 엑스포 '93」과 2012년 「여수 엑스포 2012」 두 가지의 전문 인정 박람회를 열었다.

대한민국은 종교의 자유를 보장하고 있다. 2015년 인구센서스는 개신교 19.7%로, 가톨릭을 7.9%로 조사했다. 개신교와 가톨릭을 합치면 기독교가 27.6%다. 불교는 15.5%다. 대한민국 수도 서울에 1887년 설립한 개신교 새문안 교회, 1898년 세운 가톨릭 명동 성당, 1395년 창건한 불교 조계사가 있다.그림 5

1603년 중국 베이징을 통해 들어온 신학 서적으로 대한민국에 가톨릭이 소개됐다. 1784년 이승훈이 가톨릭을 본격적으로 도입했다. 1866년 가톨릭 박해가 심했다. 프랑스 선교사 9명을 포함해 가톨릭 교도 8,000명이 순교했다. 1883년 개신교회가 설립됐다. 1884-1905년 기간 미국 장로교 알렌이 선교했다. 서구 근대화 과정에서 나타난 기독교의 역할은 한국인에게 설득력있는 패러다임으로 받아들여졌다. 신분제 사회였던 조선에 평등을 강조하는 교리는 신선했다. 개신교는 구한말 때 계몽 운동과 민족 독립운동을, 대한민국 이후 사회 구호 운동을 펼쳤다. 기독교는 1945년 한국전쟁을 겪으며 급성장했다. 북한의 1,000,000명 이상 기독교도가 종교의 자유를 찾아 대한민국으로 이주했다. 1991년 인구의 18.4%인 8,000,000명이 개신교를, 6.7%인 2,500,000명이 가톨릭을 믿었다.

불교는 고구려시대인 372년 중국 건진의 순도(宜島)에 의해 전해졌다. 384년 중국 동진에서 백제로 불교가 전래됐다. 5세기 중반 고구려의 아도(阿道)가 신라에 전파했다. 불교는 부처님을 단일의 숭배대상으로 믿는다. 왕을 단일한 권위의 대상으로 삼는 삼국지배층은 통치체제의 정신적 버팀목으로 적합하다고 보았다는 설명이 있다. 왕실의 후원으로 많은 사원과 수도원이 건립됐다. 6세기 승려와 장인들이 불교 경전과 종교 유물을 가지고 일본으로 이주했다. 신라는 668년 한반도를 통일할 때까지 불교를 국교로 받아들였다. 신라의 수도인 경주에 불국사를 비롯한 불교 예술과 사찰이 건축됐다. 고려 시대에 불교미술과 건축이 더욱 번창했다. 팔만대장경이 제작됐다. 1392년 세워진 조선은 불교의 영향력을 억제하고 유교를 국가 운영과 도덕 예절의 원칙으로 채택했다. 억불숭유 정책을 폈다. 불교의 교세는 축소됐다. 포교도 어려웠다.

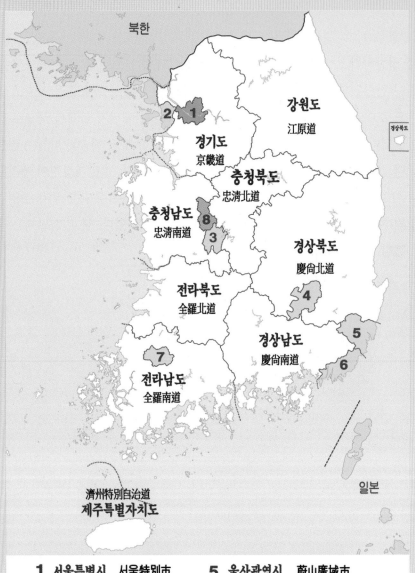

북한

강원도
江原道

경기도
京畿道

충청북도
忠淸北道

충청남도
忠淸南道

경상북도
慶尙北道

전라북도
全羅北道

경상남도
慶尙南道

전라남도
全羅南道

경상북도

일본

濟州特別自治道
제주특별자치도

1	서울특별시	서울特別市	**5**	울산광역시	蔚山廣域市
2	인천광역시	仁川廣域市	**6**	부산광역시	釜山廣域市
3	대전광역시	大田廣域市	**7**	광주광역시	光州廣域市
4	대구광역시	大邱廣域市	**8**	세종특별자치시	世宗特別自治市

그림 6 대한민국의 광역행정구역

02 수도 서울

대한민국의 행정 구역은 특별시, 광역시, 도, 특별자치도, 특별자치시로 구성되어 있다. 여기에서는 서울특별시, 부산광역시, 대구광역시, 인천과역시, 광주광역시, 대전광역시, 울산광역시, 세종특별자치시를 고찰하기로 한다.그림 6

서울은 대한민국 수도다. 공식명칭은 서울특별시다. 서울이 특별시가 된 이유는 중앙 부처의 서울 감독권을 제한해 수도 행정의 독자성을 부여하기 위해서다. 1991년 특별법으로 승격됐다. 약칭으로 서울, 서울시, 영어로 Seoul, Seoul Special City라 쓴다. 서울시는 영어 명칭을 Seoul Metropolitan Government라 표기한다. 2023년 기준으로 605.21㎢ 면적에 9,659,322명이 산다. 서울특별시, 인천광역시, 경기도를 합쳐서 수도권이라 한다. 수도권에는 2020년 기준으로 12,685㎢ 면적에 26,037,000명이 거주한다.

「서울」의 어원은 '수도'를 뜻하는 신라의 「서라벌」에서 유래했다는 설이 유력하다. 조선 시대 서울은 한양, 한성(漢城), 경성(京城) 등으로 불렸다. 지리학자 김정호는 『수선전도』에서 「수선(首善)」으로 표기했다.

로마자는 Seoul, 프랑스어는 Séoul, 스페인어는 Seúl로 쓴다. 모두 '쎄울'로 읽는다. 서울시는 2006년 서울시 브랜드를《Soul of Asia》로 지정한

바 있다. 2005년 서울의 공식적인 중국어 표기는 셔우얼(首爾, 首尔, 수이)로 정했다. 일본어 표기는 '소우루'(ソウル)다.

서울 중심에 한강이 흐른다. 동에서 서쪽으로 흐른다. 여의도는 상류로부터 운반되어 온 토사가 퇴적된 하중도다. 한강물은 서울시민의 수돗물로 공급됐다. 뚝섬과 선유도 등이 취수장이었다. 현재의 취수장은 잠실 수중보와 팔당 저수지다. 1960년대 이후 한강 정비 사업이 진행됐다. 1968년 밤섬을 폭파한 뒤 여의도를 개발했다. 1970-1975년까지 잠실섬과 부리도의 남쪽 물길인 송파강을 막아 육지로 만들었다. 1982년 이후 둔치를 조성했다. 한강변 양쪽에 강변북로와 올림픽대로를 놓았다. 2006년 한강 주변을 다시 정비했다.

서울 도심에는 남산, 인왕산, 낙산이 있다. 시 주변으로 북한산, 관악산, 도봉산, 수락산, 불암산, 구룡산, 우면산, 아차산, 지양산 등이 경기도와 인천광역시와 자연적 경계를 이룬다.

북악산과 남산에는 기복 지형이 발달되어 있다. 산기슭 기복 때문에 고개 또는 현(峴)이란 지명이 많다. 충무로의 풀무고개, 인현·종현·진고개, 계동의 관상감현, 가회동의 맹현·홍현·안현·송현·배고개 등이 있다. 서울의 지형은 조선시대에 효율적으로 활용됐다. 북악산 기슭에 경복궁·종묘 등을, 인왕산 자락에 덕수궁을 지었다. 궁궐 사이에는 궁인(宮人)·귀족·고관들의 주택이 들어섰다. 산기슭은 침식으로 토사가 쓸려 내렸다. 쓸려 내린 토사는 청계천 연안에 쌓여 평탄한 시가지를 형성했다. 서울 도심에서 평탄한 곳은 청계천 북쪽 연안인 동대문에서 세종로 사이다. 이곳에 종로가 조성됐다. 삼각지로부터 갈월동을 지나면 지형이 높아진다. 서울역을 지나 숭례문 부근에 오면 해발고도 40m 내외가 된다. 이곳은 해발 36.6m의 분수계를 이룬다.

선사시대부터 한강 유역에 사람이 살았다. 암사동에 선사주거지가 있다. 서울은 삼한 중 마한에 속했다. BC 18-475년 사이 백제는 서울 동부 한강변 하남에 수도 위례성을 세워 통치했다. 475년 고구려 장수왕이 이곳을 점령했다. 하남위례성에 한산군(漢山郡)을, 한강 이북에 남평양(南平壤)을 설치했다. 551년 백제는 나제동맹을 맺어 고구려로부터 서울과 한강 하류지역을 탈환했다. 553년 신라는 나제동맹을 깨고 이 지역을 차지했다. 신라는 서울에 한산주의 치소(治所)를 설치했다. 삼국통일 후 685년 신라는 서울의 한강 이북지역을 북한산군(北漢山郡)으로 개칭했다. 757년에 한산주를 한주(漢州)로, 북한산군을 한양군(漢陽郡)으로 바꿨다. 고려 개국 후 918년 한양군을 양주(楊州)로, 940년 한주를 광주(廣州)로 개칭했다. 1067년 양주가 남경(南京)으로 승격됐다. 1308년 남경을 한양부로 개편했다가 1356년 한양부를 다시 남경으로 개칭했다.

1392년 조선태조가 개경에서 조선을 건국했다. 1394년 10월 남경으로 천도했다. 1395년 한성부로 명칭을 바꿨다. 행정구역은 5부(部) 52방(坊)으로 했다. 한성부의 영역은 성저십리(城底十里)로 구성했다. 성저십리는 사대문 안 도성과 도성 밖 10리까지다. 1398년 숭례문을 완공했다. 1404년 경복궁을 준공했다. 1592년 임진왜란으로 의주로 천도했다. 1592년 임진왜란과 1637년 병자호란으로 도시가 파괴됐다. 1894년 갑오개혁 때 5부제를 5서제(署制)로 고쳐 47방 288계 775동을 설치했다. 대한제국 시대인 1896년 가로등, 전차, 교각 등의 근대 기반시설이 건설됐다. 1899년 서대문-청량리 단선전차를 개통했다. 1900년 한강 가교가 준공됐다. 1902년 한성전화소에서 전화교환업무를 시작했다.

1910년 일본은 한성부를 경성부로 개칭하고 경기도에 예속시켰다. 1911년 경성부의 하부기관을 5부 8면으로 구분했다. 1914년 면(面) 제도를 폐지하고 부제(府制)를 실시했다. 1936년 주변을 편입해 행정구역이 133.94㎢로 확장됐다. 1943년 구제를 실시했다.

1945년 광복과 함께 경성부는 서울시로 개칭됐다. 1946년 경기도에서 분리해 서울특별자유시로 승격했다. 1949년 8월 15일 서울특별시로 다시 개칭됐다. 고양군, 시흥군의 일부가 편입되어 시역이 268.35㎢로 늘었다. 1950년 한국 전쟁으로 수도를 부산으로 천도했다. 6월 28일 조선민주주의인민공화국이 들어와 임시수도로 삼았다. 9월 28일 대한민국이 수복했다. 「1.4 후퇴」로 다시 서울을 내주었다. 1951년 3월 14일에 다시 서울을 수복했다. 서울은 1953년 정전 협정까지 대한민국 점령지로 남았다. 1962년 서울특별시 행정에 관한 특별조치법이 제정됐다. 서울은 국무총리 직속기구가 됐다. 시장의 행정적 지위도 장관급으로 격상됐다. 1962년 경기도 일부를 편입해 시역이 593.75㎢로 넓혀졌다. 서울의 한강 강남 지역이 편입됐다. 한강 이북 도봉구, 노원구, 중랑구 일대가 편입됐다. 1973년 도봉구와 관악구가 신설되어 11개구가 됐다. 시역이 605.33㎢로 확장됐다.

서울은 1988년 하계 올림픽, 2002년 FIFA 월드컵을 개최했다. 2000년 ASEM 정상회담, 2010년 G20 정상회의 등을 주관했다. 서울 주변 인천과 경기도에 위성도시들이 조성됐다. 서울의 교외화(Suburbanization)로 서울 주변에 거주·고용 교외지역이 형성됐다. 서울로 출퇴근하는 사람들로 교통량이 폭증했다. 서울을 중심도시로 하는 거대 도시권인 수도권이 형성됐다. 서울의 야경은 낮과 같이 밝다. 한강 주변의 야경은 아름답다.그림 7

그림 7 대한민국 수도 서울의 야경과 한강 주변지역

서울의 인구는 1394-1900년 사이 조선 시대에 100,000-300,000명으로 추정했다. 1925년 340,000명, 1935년 400,000명이었다. 1936년 시역확장으로 730,000명으로 늘었다. 1946년 해외와 북한에서의 귀국과 월남으로 1,270,000명이 됐다. 1955년 휴전과 환도로 1,570,000명으로 증가했다. 1960년 2,450,000명 1970년 5,430,000명, 1980년 8,360,00명, 1990년 10,610,000명으로 격증했다. 서울 인구 분산 정책이 실시됐다. 서울 교외에 분당, 일산 등의 1기 신도시와 운정·판교·동탄 등의 2기 신도시가 개발됐다. 서울에 취업기회가 많고, 교육기관이 집중되어 사람이 몰렸다.

서울에는 입법부·행정부·사법부 등이 집중되어 있다. 용산에 대통령실이, 여의도에 국회가, 서초에 대법원이 있다. 정부 청사는 서울, 세종, 대전, 과천에 나뉘어 입지해 있다. 중구에 서울 시청과 시청 광장이 있다.

대한민국 대통령 집무실은 서울 용산에 위치했다. 2003년 11월 국방부 청사가 문을 열었다. 2022년 5월 10일 대통령실이 옮겨왔다. 면적 276,000㎡다. 동쪽과 남쪽이 용산공원과 연결되어 있다. 국방부 청사로 사용됐던 건물이다.그림 8 옛 대통령 집무실은 청와대(Blue House)였다. 서울 종로에 있다. 면적 250,000㎡다. 1948-2022년 기간 대통령 집무실과 거주지였다. 청와대는 대한민국 전통 건축 양식과 현대적 건축 요소가 복합된 건물이다. 대통령 집무실이 용산으로 이전되면서 청와대는 공공 공원으로 바뀌었다.

국회 의사당은 서울 영등포 여의도에 있다. 1975년에 완공됐다. 1975년 이전에는 공민관이었던 현재의 서울시의회 건물을 국회 의사당으로 사용했다. 여의도 본회의장은 400석을 수용할 수 있다. 국회 의사당은 1988년, 1993년, 1998년, 2003년, 2008년, 2008년, 2017년, 2022년 대통령 취임식 장소로 사용됐다.그림 8

그림 8 대한민국 수도 서울의 용산 대통령실과 여의도 국회의사당

그림 9 대한민국 수도 서울의 중심업무지역

서울의 상업은 4대문 안의 상가, 시장, 백화점, 대형 할인점 등에서 이뤄진다. 1960년대 대단위 슈퍼마켓, 연쇄점·지하상가가 형성됐다. 서울의 중심업무지구(CBD)에 대한민국의 상업기능이 밀집되어 있다. 대기업, 외국계 기업, 주요은행, 언론사, 대사관, 시청, 외교부 등이 있다. 시내(市內), 도심으로 표현한다. 광화문, 서울역, 서대문역, 종로, 을지로, 충무로 일대다. 여의도업무지구(YBD)가 있다. 여의도공원과 여의대로를 중심으로 동쪽에 위치했다. 수출입은행, 산업은행, 국회의사당, KBS 등 금융·의회·방송 기능이 입지했다.「여의도 증권맨」이라는 별칭이 붙는 금융종사자들이 많다. 강남업무지구(GBD)가 있다. 테헤란로, 강남대로, 서초 등이 중심지역이다. 강남대로에 GS·포스코·현대자동차 등의 대기업부터 수많은 중소기업의 본사가 있다. 서초동의 대법원을 중심으로 법률 기능이 밀집되어 있다.그림 9, 10

중구에 한국은행, 서초에 삼성, 여의도에 LG, 양재에 현대자동차, 종로에 SK, 강남에 롯데, GS 등 대기업의 본사가 서울에 있다. 금융기능은 여의도 금융지구에 집중되어 있다. 1938년에 세운 삼성은 전자·중화학·조선·가전·통신·자동차·의류 기업이다. 1947년에 창업한 LG는 전자·화학·통신·공학·정보 기술 기업이다. 1967년에 설립한 현대자동차는 기아자동차와 나란히 양재에 있다. 1953년에 출발한 SK는 에너지·화학·통신·무역·서비스·반도체 기업이다. 1948년에 설립한 롯데는 제과·음료·호텔·소매·건설·엔터테인먼트 기업이다. 2016년 송파에 123층, 555m의 롯데월드타워를 올렸다. 사무실, 호텔, 주거, 소매, 관측 기능 건물이다. 지붕 구조는 다이어그리드(Diagrid) 랜턴 모양이다. 길이 12m, 무게 20톤의 강철로 제작됐다. 대응물은 구부러진 금속 패널로 구성됐다. 지붕 구조 자체의 높이는 120m로 107-123층을 덮고 있다. 3,000톤의 강철 부품, 고정밀 64t 타워 크레인,

그림 10 **대한민국 서울의 여의도 금융지구와 강남 롯데월드타워**

GPS 정렬 시스템, 용접 기술이 사용됐다. 리히터 진도 규모 9와 80m/s의 풍속에 견딜 수 있도록 설계됐다. 2005년에 세워진 GS는 에너지·소매·건설 기업이다.그림 10

서울의 공업은 1919년 영등포의 방직공장으로부터 출발했다. 1940년 영등포와 용산에 군수 산업이 발달했다. 1971년 형성된 구로동 수출산업공단이 조성됐다. 영등포 기계공단과 경인공업지구가 형성됐다. 공업 기능이 인천·시흥·안산·부천 등으로 옮겨갔다. 2000년대 구로동·가산동 지역이 IT 벤처 기업의 디지털산업단지로 탈바꿈했다.

서울의 교통수단은 승용차, 지하철, 버스, 택시 등이다. 경부고속도로, 서해안고속도로, 용인 서울고속도로 등은 서울의 남쪽으로 이어져 있다. 인천국제공항고속도로와 경인고속도로는 인천광역시와 연결된다. 시 외곽에는 수도권 제1순환고속도로가 있다. 도시 내부에는 간선도로가 있다. 1974년 수도권 전철 1호선이 개통되어 도시 철도 시대가 열렸다. 동아시아 단거리 국제선과, 대한민국 국내선은 김포국제공항을 이용한다. 중장거리 국제선은 인천국제공항을 활용한다. 서울 도심에서 인천국제공항까지는 인천국제공항철도 또는 인천국제공항고속도로로 접근할 수 있다.

서울에는 서울대학교, 서울시립대학교, 한국예술종합학교 등 국공립대학교와 연세대학교, 고려대학교, 한양대학교, 경희대학교, 이화여자대학교 등 사립대학교, 그리고 교육대학, 방송통신대학, 전문대학 등이 있다.

조선 태조 때 한양도성을 쌓았다. 왕조의 궁궐을 건립했다. 조선시대 왕가의 신위를 모시던 왕실의 사당으로 종묘를 세웠다. 종묘는 1995년 유네스코 세계문화유산으로 등재됐다. 조선 왕릉인 선정릉, 헌인릉, 정릉, 의릉은 서울 시내에 있다. 2009년 유네스코 세계유산으로 등재됐다. 사적 제162호인 북

그림 11 대한민국 수도 서울 경복궁 근정전과 광화문

한산성은 수도 한양을 방어하던 성곽이다. 대한제국이 자주독립을 위해 독립문을 세웠다. 서울의 궁궐은 문화재로 보호되어 개발보다는 보전을 중시한다. 보전이 잘되어 있어 서울의 궁궐은 서울의 공원 기능을 수행하고 있다.

경복궁(景福宮)은 1395년 태조가 건립했다. 면적 432,703㎡다. 궁궐 이름은 정도전이 지었다. 조선 왕실의 거처이자 정부 소재지였다. 뒷산은 북악산이다. 정문인 광화문 밖에 현재의 세종로인 육부길을 조성했다. 임진왜란(1592-1598) 때 소실됐다. 왕궁을 창덕궁으로 옮겼다. 경복궁터는 폐허로 버려졌다. 1868년 흥선대원군이 복원했다. 432,703㎡ 면적에 330동, 5,792개의 방을 갖춘 궁궐 단지로 재건됐다. 왕과 관료들의 집무실인 바깥뜰(외전), 왕실의 거처와 정원이 포함된 안뜰(내전), 왕비의 거주지인 중궁, 왕세자의 거주지인 동궁 등을 세웠다. 1895년 일본이 명성황후를 시해하는 을미사변이 일어났다. 1911년부터 일본 제국은 경복궁을 파괴했다. 1926년 근정전 앞에 총독부를 세웠다. 한국전쟁 때 광화문과 궁궐이 무너졌다. 대한민국이 건국된 후 1990년부터 복원했다. 1996년 총독부 건물을 철거했다. 왕실 왕좌홀인 근정전, 경회루, 향원정, 자경전 등을 복원했다. 광화문(정문과 남문), 흥례문(두 번째 내문), 근정문(세 번째 내문), 신무문(북문), 건춘문(동문), 영추문(서문)을 재건했다. 궁궐에 있던 국립 중앙박물관은 2005년 용산으로 이전했다.그림 11

광화문(光化門)은 경복궁의 정문이다. 세종로 북쪽 끝에 있다. 1395년 처음 건설됐다. 1592년 임진왜란 때 소실됐고, 1867년 재건됐으나, 1926년 일본이 해체했다. 1968년 콘크리트로, 2010년 목조 건축물로 다시 세웠다. 명판은 1395년 처음 건설했을 때 쓴 한자 글자로 작성됐다. 광화문 앞에서는 수문장 교대식이 거행된다.그림 11

창덕궁(昌德宮)은 1405-1412년에 태종이 지었다. 면적 550,916㎡다. 경복궁 동쪽에 있다. 1592년 소실됐다가 1610년 중건됐다. 1623년 인조반정으로 불탔으나 1647년 재건했다. 1868년 경복궁이 중건될 때까지 왕실의 궁궐과 정부 소재지로 사용됐다. 1926년 순종이 이곳에서 운명했다. 1989년까지 낙선재에서 덕혜옹주와 방자세자가 왕실 거주지로 사용했다. 현재는 경내에 13개 건물, 정원에 28개 정자가 남아 있다. 총 면적은 45헥타르다. 일제가 파괴해 초기 건물의 30%만 남아 있다. 1963년 사적 제122호로 지정됐다. 창덕궁에는 정문인 돈화문(敦化門), 금천교, 본당인 인정전, 본당 보조 집무실인 성정전, 왕의 생활공간인 희정당, 왕비의 거주지인 대조전, 알현실인 연동당, 낙선재 등이 있다. 1997년 '자연 환경에 통합되고 조화를 이루는 건물'로 평가되어 유네스코 세계문화유산에 등재됐다. 2022년 창경궁과 종묘 사이의 상부에 녹지를 조성하고 끊어졌던 녹지축을 연결했다.

창덕궁 후원(昌德宮後苑)은 궁중 정원이다. 비원(祕苑), 궁원(宮苑), 금원(禁苑), 북원(北苑), 후원(後園)으로도 불린다. 왕의 산책지와 행사지로 활용됐다. 1405년 별궁으로 지었다. 규장각, 부용정, 소요정, 태극정, 연경당 등 정자와 연못이 있다. 물이 흐르는 옥류천이 있다. 수백종의 나무들이 식수되어 있다. 일부는 수령이 300년 이상이다. 창경궁을 합한 창덕궁의 총면적은 0.674㎢다. 비원은 0.205㎢다. 드라마 대장금을 촬영한 장소다. 창덕궁 달빛기행이 개최됐다.그림 12

창경궁(昌慶宮)의 면적은 216,774㎡다. 1419년 세종이 태종을 모시기 위해 지은 수강궁(壽康宮)이었다. 창덕궁과 종묘와 통한다. 1483년 성종이 대비를 모시려고 중건해 창경궁으로 개칭했다. 궁중 비극이 잦았던 곳이다. 일제는 동물원, 식물원, 이왕가박물관을 들여놓고 창경원(昌慶苑)으로 격하했다. 1963년 사적 제123호로 지정됐다. 1983년 창경궁을 복원했다. 창경

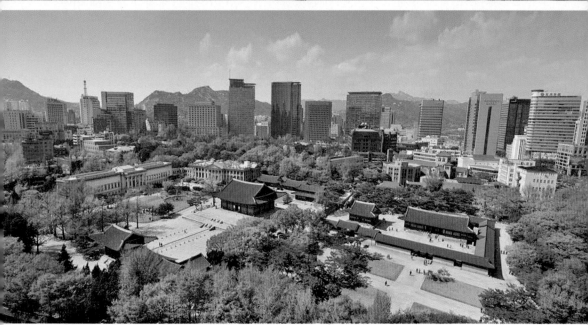

그림 12 대한민국 서울의 창덕궁 비원과 덕수궁

원에 있던 동물원과 식물원을 서울대공원으로 옮겼다. 정문인 홍화문(弘化門) 등이 있다.

경희궁(慶熙宮)은 1617-1623년에 광해군이 건립했다. 면적 101,174㎡다. 경복궁의 동쪽 궁궐인 창덕궁과 창경궁을 동궐로, 서쪽 궁궐을 서궐(西闕)로 불렀다. 건립시 경덕궁(慶德宮)이라 했다. 1760년 영조가 궁궐 이름 경덕(慶德)이 정원군의 시호인 경덕(敬德)과 음이 같다고 해 경희궁으로 고쳤다. 인조부터 철종까지 이궁(離宮)으로 왕이 정사를 보던 궁궐이다. 처음에 경복궁 크기의 2/3를 넘는 규모로 지었다. 정전, 동궁, 침전, 별당 등 100채 정도의 건물을 축조했다. 경운궁(덕수궁)과 홍교로 연결됐다. 경복궁 중건 자재를 확보하려고 경희궁 전각의 대부분을 헐었다. 정문인 홍화문(興化門) 등이 남아 있다. 뒤쪽의 울창한 수림은 잘 보전됐다. 1910년 일제는 경희궁 부지에 경성중학교를 세웠다. 해방 후 1980년까지 서울고등학교가 위치했다가 강남으로 이전했다. 서울시가 몇 개의 건물을 지은 후 민간에게 매각했다. 1963년 사적 제271호로 지정됐다.

덕수궁(德壽宮)은 조선과 대한제국의 궁궐이다. 면적 93,843.1㎡다. 1963년 대한민국 사적 제124호로 지정됐다. 월산대군의 집이었다. 임진왜란 이후 선조가 왕의 거처로 사용했다. 궁이 됐다. 1608년 광해군이 이곳에서 즉위하고 창덕궁으로 떠났다. 1611년 경운궁(慶運宮)이라는 궁호가 붙었다. 1623년 인조가 이곳에서 즉위했다. 고종이 러시아공사관으로 옮긴 아관파천(1896-1897) 이후 환궁하여 법궁으로 사용됐다. 1907년 장수(長壽)를 기원하는 뜻의 덕수궁으로 개명됐다. 1919년 고종이 덕수궁 함녕전에서 운명했다. 1910년 이후 공원으로 운영되면서 면적은 1/3로, 건물 수는 1/10로 줄었다. 덕수궁은 덕수궁 권역, 선원전과 홍원 영역, 중명전 영역으로 나뉜다.

근대 유럽의 고전주의파 건축 양식을 받아들인 궁궐로 평가됐다. 정문인 대한문(大漢門) 앞에서 근위병 교대식이 열린다.그림 12

광화문 광장은 대한민국 서울 세종로에 있는 광장이다. 조선 시대 육조거리, 육부거리로 불렸던 중심지다. 왕실 행정 건물이 위치했다. 일제 시대와 한국전쟁 때 피해를 입었다. 20세기에 왕복 16차선 도로로 활용됐다. 2004년부터 보행 친화적인 개방형 도시 공간으로 바꿀 계획을 구상했다. 리모델링을 거쳐 2009년 개장됐다. 600m 길이의 세종로를 16차선에서 10차선으로 축소했다. 1394년 10월 28일 서울이 수도로 선포된 날부터 2009년 8월 1일 광장 개장일까지의 일수를 나타내는 224,537개의 꽃 융단을 깔았다. 길이 162m, 폭 17.5m의 꽃 융단이었다. 2020년부터 새롭게 디자인해 2022년 8월 6일 다시 문을 열었다. 세종대로가 6차로로 줄어들고 보행자 광장도 2배 이상 넓어졌다. 1968년에 조선 시대 이순신 장군 동상을 세웠다. 동상 옆에 「12.23분수」가 있다. 1592-1598년까지 임진왜란 동안 12척의 군함과 함께 23번의 전투를 치른 것을 기념해 「12.23분수」라는 이름이 붙여졌다. 워터 제트는 300개의 작은 제트와 함께 18m 높이까지 솟아오른다. 이순신 장군이 바다에서 싸운 전투를 상징한다. 바닥에는 1392-2008년까지의 주요 사건을 기록하는 617개의 돌이 있다. 2009년 10월 9일 조선 세종대왕 동상이 제막됐다. 세종대왕의 한글 창제 563주년을 기념하여 한글날에 봉헌됐다. 이순신 장군 동상 뒤로 250m 떨어진 곳에 있다. 광화문 광장의 두 번째 동상이다. 높이 6.2m, 무게 20톤이다. 동상 아래에는 동상을 묘사한 두 명의 역사적 인물에 대한 작은 전시실과 박물관이 있다. 2014년 프란치스코 교황이 광장을 방문했다. 매년 서울국제마라톤이 개막하는 장소다. 마라톤은 올림픽경기장에서 끝난다. 2002년과 2022년 FIFA 월드컵의 거리

그림 13 대한민국 서울의 광화문 광장과 2023 태권도 페스티벌

응원 장소였다. 영화 촬영, 공연 등의 장소로 활용된다. 2023년 3월 25일에 12,263명의 태권도 유단자와 수련생이 참가한 태극 1장 태권도 페스티벌이 열렸다. 태권도가 국기(國技)로 지정된 5주년을 기념하는 행사였다. 단체 시연 기네스북에 등재됐다.그림 13

북촌 한옥마을은 대표적인 조선 한옥마을이다. 위치는 종로 가회동, 삼청동, 원서동, 재동, 계동 일대다. 북촌은 청계천과 종로의 윗동네라는 뜻이다. 사적, 문화재, 민속자료가 있는 도심 속의 박물관이다. 삼청동길에는 갤러리가, 화동길에는 먹거리와 카페가, 원서동에는 전통 기능의 보유자와 예술인들이 산다. 가회동 11번지, 31번지, 33번지에 한옥이 밀집되어 있다. 북촌은 권문세족의 주거지였다. 1906년 북촌은 10,241명이 1,932가구에 살았다. 양반과 관료가 43.6%였다. 1960년대 초까지 북촌은 한옥으로 채워졌다. 강남 개발로 북촌에 있던 학교가 강남으로 이전했다. 1976년 경기고 자리는 정독도서관으로, 1978년 휘문고 자리는 현대건설로, 1989년 창덕여고 자리는 헌법재판소로 바뀌었다. 1983년 제4종 미관지구로 지정해 한옥보존을 도모했다. 2001년 이후 한옥 재건축, 고급화, 보존 노력이 일어나 전통과 근대성이 함께 있는 경관을 형성했다. 북촌의 문화재로는 사적, 서울시 민속자료, 유형문화재, 문화재 자료, 천연기념물, 옛길과 물길, 한옥군이 있다. 창덕궁 전경, 북촌로 12길 일대, 북촌로 11길 언덕, 가회동 내림과 오름 골목길, 가회동 31번지, 삼청동 돌층계길 등이 북촌의 대표적 도시경관이다.그림 13

한양도성(漢陽都城)은 한양을 방어하기 위해 쌓은 성곽이다. 영어로 Fortress Wall of Seoul이라 표현한다. 서울의 4대 산인 북악산, 인왕산, 낙산, 남산의 능선을 따라 18.6㎞에 걸쳐 뻗어 있다. 한양도성은 성곽과 문

그림 14 대한민국 서울의 북촌한옥마을과 한양도성

을 의미한다. 줄여서 한성(漢城)이라 했다. 조선시대 사적 명칭을 서울성곽으로 정했다가, 2011년 한양도성으로 개칭했다. 1396년 태조가 축조했다. 1396-1398년 사이에 배수지로 5칸 수문과 2칸 수문을 축조했다. 성곽의 관문으로 동대문인 흥인지문, 서대문인 돈의문(멸실), 남대문인 숭례문, 북대문인 숙정문의 4대문과 동소문(혜화문), 서소문(소의문, 멸실), 광희문(시구문), 창의문(자하문)의 4소문을 세웠다. 1963년 사적 제10호로 지정되어 성문, 수문, 봉화봉과 함께 보호되고 있다. 세종, 숙종, 순조 시기에 보수 공사했다. 일제와 한국 전쟁으로 훼손됐다. 1974년부터 복원됐다. 총길이가 18,627m다. 2013년 기준으로 70% 구간이 남아 있다. 한양 도성의 행정구역은 종로 8개동과 중구 7개 동이다. 한양도성을 따라 걷는 답사를 순성(巡城)놀이라 했다.그림 14

그림 15 부산타워에서 보는 대한민국 부산

03 광역시와 세종시

광역시는 특별행정구역이다. 부산, 대구, 인천, 광주, 대전 등 5개시는 직할시였다. 1995년 광역시로 바뀌었다. 1997년 울산시가 울산광역시로 승격됐다.

부산광역시

부산광역시(釜山廣域市)는 대한민국 제2의 도시다. 2022년 기준으로 770.04㎢ 면적에 3,331,444명이 산다. 부산항을 중심으로 해상 무역과 물류 산업이 발달한 해양도시다. 「釜山」 지명은 『동국여지승람』(1481) 이후 쓰인 것으로 추정한다.그림 15

부산 동부는 구릉이 부산항을 병풍처럼 감싸고 있다. 구릉의 높이는 해발 300-700m다. 해안평야가 발달하지 않아 평탄면이 좁다. 서부의 김해평야는 낙동강 하구에 발달한 삼각주 충적평야다. 부산은 온난 습윤 기후 지역이다.

삼한시대 부산에 거칠산국, 장산국, 내산국, 가락국 등의 부족국가가 있었다. 400년경 신라가 부산 전역을 관리했다. 757년 통일 신라 시대 부산

그림 16 **대한민국 부산항과 부산 신항**

은 동래군 관할 지역이 됐다. 1018년 고려 시대 동래군이 동래현으로 바뀌었다. 15세기 전반까지 「부산포」라 했다. 1547년 동래는 동래도호부로 승격됐다. 1592년 이순신이 부산포 해전에서 승리했다. 1876년 개항했다. 1896년 경상남도 동래군으로 개편됐다. 1905년 경부선이 개통했다. 1925년 경상남도청이 진주에서 부산으로 이전했다. 1949년 부산시로 개칭됐다. 1950-1953년까지 대한민국 임시 수도였다. 1963년 직할시로 승격했다. 1995년 부산광역시로 개칭됐다.

부산은 동북아 해상물류 허브이며 유라시아 대륙의 관문이다. 세계 6위 항만이다. 2021년 기준 컨테이너 물동량 22,706,130TEU를 처리했다. 부산항의 컨테이너 터미널은 1876년 개항한 북항과 2006년 개항한 부산신항이 있다. 중국, 싱가포르, 인도, 몸바사, 홍해, 수에즈, 지중해, 아드리아해 등으로 연결된다. 부산은 해양과학 중심지다. 한국해양수산개발원, 한국해양과학기술원, 국립수산물품질관리원, 한국수로해양진흥원 등이 있다.그림 16

부산의 금융기관은 한국거래소, 한국해양보증보험, 해양금융종합센터, 한국선박해양, 캠코선박운용, BNK금융그룹 등이 있다. 부산의 중심 비즈니스 지역은 서면과 광복동/남포동이다. 광복동/남포동에 자갈치 수산시장, 국제 시장이 있다.

해운대구 수영비행장터에 센텀시티(Centum City)가 조성됐다. 면적 1,178,043㎡다. 복합 산업단지다. 영화의 전당, 벡스코, 부산정보산업진흥원, 백화점 등이 있다. 1993년부터 영화의 전당에서 부산국제영화제(BIFF)가 열린다. 벡스코에서 글로벌 행사가 열린다. 벡스코는 Busan EXhibition & COnvention Center의 글자를 딴 BEXCO 표기다. 1998-2012년에 세운 전시장이다. 3개의 홀로 분할 가능한 26,508㎡의 제1전시장과 2012년

그림 17 대한민국 부산 해운대의 벡스코와 해수욕장

그림 18 **대한민국 부산 해운대의 센텀시티와 마린시티**

완공한 19,872㎡의 제2전시장이 있다. 제1전시장은 중간에 기둥이 없는 단층 무주(無柱) 전시관이다. 벡스코 실내 전시 면적은 46,380㎡다. 대형국제행사를 2건 이상 개최할 수 있다. 컨벤션홀, 회의실, 오디토리움이 있다. 야외행사장과 옥외전시장은 20,415㎡다. 누리마루 APEC 하우스는 3,368㎡ 규모다. 2002년 FIFA 월드컵 본선 조추첨, 2003년 ICCA 연차총회, 2004년 ITU텔레콤 아시아, 2005 APEC 정상회의, 2006년 ILO아태총회, 2006 UNESCAP 교통장관회의, WCG 2011 최종 결승전, 2012년 국제라이온스협회 제95차 국제회의, 2013년 세계교회협의회(WCC) 제10차 총회, 2014년 한-아세안 특별정상회의, 2015년 미주개발은행(IDB)과 미주투자공사(IIC) 연차총회, 2016년 LoL KeSPA컵 결승, 2017년 ITU 등을 개최했다.그림 17

해운대(海雲臺) 해수욕장은 해운대구 중동과 우동에 걸쳐 있는 해수욕장이

그림 19 **대한민국 부산의 광안대교와 부산항대교**

다. 모래사장은 면적 120,000㎡, 길이 1.5㎞, 폭 70-90m다. 300여개의 편의·숙박시설이 있다.그림 17

센텀시티와 해운대 해수욕장 사이의 수영만 매립지에 주거 신시가지 마린시티(Marine City)가 조성됐다. 면적 1.39㎢다. 위치는 해운대구 우3동이다. 부산 도시철도 2호선 동백역 근처의 역세권이다. 바다를 배경으로 마천루 경관을 보여준다. 초고층 고급 아파트, 원룸형 오피스텔 등이 있다. 오션뷰 스카이라인 촬영 명소다. 마린시티 내에는 영화의 거리, 뷔페, 유람선 선착장, 호텔, 리조트 등이 있다.그림 18

광안대교(廣安大橋)는 다이아몬드 브릿지(Diamond Bridge)라 한다. 1994-2003년 기간에 건설됐다. 현수교, 트러스트교다. 총길이는 7,420m다. 교통량은 하루 67,187대다. 부산광역시도 제66호선의 일부다. 수영구와 해운대구를 연결하는 해상 복층 교량으로 8차선이다. 2007년 자동차 전용도로로 지정됐다. 부산항대교(釜山港大橋)는 북항대교로 불렸다. 2006-2014년 기간에 세웠다. 사장교다. 길이는 3,368m다. 해수면에서 상판까지의 높이는 63m다. 남구와 영도구를 연결하는 교량이다. 4-6차선이다.그림 19

대구광역시

대구광역시(大邱廣域市)는 대한민국의 동남부 내륙에 위치한 광역시다. 2022년 기준으로 1,499.51㎢ 면적에 2,366,852명이 산다. 옛 이름 달구벌(達句伐)은 '크고 넓은 벌판'이란 뜻이다. 1750년 대구(大丘)를 대구(大邱)로 바꾸자고 제안됐다. 조선 철종 때부터 대구(大邱)라고 사용했다.

그림 20 대한민국 대구 중심지와 경상감영공원

대구는 분지 지형이다. 북쪽에는 팔공산이, 남쪽에는 비슬산이 있다. 대구의 중심지는 동성로다. 대구읍성의 동부가 동성로를 따라 발달했다. 상업 시설이 밀집해 있다.그림 20 신천은 북쪽에서 금호강과 합류한다. 강수량이 적은 소우지다. 여름 평균 기온이 높다. 대구의 기후는 사과 생산에 적합해 대구를 「사과의 도시」라고 했었다.

108년 신라는 달구벌을 병합했다. 757년 달구화현을 대구현으로 개칭했다. 1419년 경상도 대구군, 1466년 대구도호부, 1910년 대구부, 1949년 대구시가 됐다. 1950년 7월 16일부터 8월 17일까지 대한민국 임시 수도였다. 1981년 대구직할시로 바뀌었다. 1984년 88올림픽고속도로가 건설됐다. 1995년 대구광역시로 변경됐다. 1997년 지하철 시대가 열렸다. 2005년 2호선, 2009년 3호선이 개통됐다. 2002년 FIFA 한일월드컵, 2003년 하계 유니버시아드 등을 개최했다. 2023년 군위군이 대구광역시로 편입됐다.

경상감영(慶尚監營)은 조선 8도제하에 경상도를 관할하던 감영이다. 오늘날 도청과 같은 역할을 했다. 경상감영은 경주, 상주, 안동부 등지로 옮겨 다녔다. 1601년(선조 34년) 대구에 정착했다. 1910년 경상북도 청사로 개칭했다. 2016년 도청은 안동시로 이전됐다. 경상감영지는 2017년 대한민국 사적 제538호로 지정되어 공원으로 바뀌었다.그림 20

대구는 내륙공업도시다. 섬유·금속·기계 공업으로 성장했다. 1990년대부터 섬유·의류 제조업의 「패션도시」를 지향했다. 대구패션페어, 프리뷰 인 대구 등을 열었다. 섬유업체수가 전체 사업의 절반을 기록했다. 2017년에 와서 기계·금속공장이 3,882개소, 섬유공장이 1,736개소로 바뀌었다. 2020년대에 이르러 의료·자동차·로봇·ICT·LoT·청정에너지 산업 구조로 재편되고 있다.

그림 21 **대한민국 대구의 서문시장**

　　대구는 영남지방 상권 중심지로 발달했다. 전통시장인 서문시장은 1677
년(숙종 3) 대구장을 대구읍성 서문 밖으로 옮기면서 시작됐다. 「서문」은
1907년 철거된 대구읍성 옛 서문을 가리킨다. 조선시대 서문시장, 강경시
장, 평양시장은 3대 시장으로 불렸다. 1922년 서남쪽의 천황당지 못을 매
립해서 현재의 서문시장을 개장했다. 2016년 야시장도 열었다. 서문시장
에는 4,000여 개의 상점이 입점해 있다. 1455-1461년에 세운 튀르키예 이
스탄불의 그랜드 바자르(Kapalıçarşı)의 점포수도 4,000여 개다. 서문시장은 섬
유·봉제 패션산업의 발상지다. 시장 골목길에 생선·전통 요리를 파는 실내
외 음식 노점이 많다.그림 21

동성로(東城路)는 대구광역시 최대 번화가다. 단핵 도심 구조인 대구의 다운타운이다. 백화점, 레스토랑, 병원, 학원가, 통신점포 등이 있다. 먹거리, 연극, 영화, 예술, 공원, 시민레저시설 등 문화와 쇼핑의 중심 거리다.

대구 팔공산 관봉 정상에 한국 전통 모자 모양의 갓바위라는 석불이 있다. 부처님이 소원을 들어준다고 믿어 사람들이 찾는다. 동화사는 493년 창건했다. 가야산 국립공원의 해인사에는 팔만대장경이 있다. 계산성당, 제일교회 등 오래된 기독교 건물이 있다. 도동서원, 녹동서원, 경주 최씨의 옻골마을, 남평 문씨의 인흥마을이 보존되어 있다. 남성로 약전골목은 350년 된 한약재 약령시장이다.

대구국제오페라축제, 대구국제뮤지컬페스티벌, 대구국제바디페인팅페스티벌, 컬러풀대구축제, 팔공산 단풍축제, 비슬산 진달래축제 등이 개최된다. 시민들은 팔공산, 달성토성, 경상감영공원, 동성로, 서문시장 등을 즐겨 찾는다.

인천광역시

인천광역시(仁川廣域市)에는 2022년 기준으로 1,062.63㎢ 면적에 2,962,388명이 산다. 서울에서 서쪽으로 27.4㎞ 떨어져 있다. 서쪽으로 서해, 동쪽으로 서울특별시 강서구, 경기도 부천시와 접한다. 남동쪽에 시흥시, 북쪽에 김포시가 있다. 인천항과 인천국제공항은 대한민국의 관문이다. 2003년 인천광역시 경제자유구역청이 개청됐다. 송도·영종·청라 지구를 관할한다. 2004년 인천여성미술비엔날레, 2009년 인천세계박람회, 2010년 G20 재무

장관 회의, 2011년 제3차 글로벌 모의 UN 회의, 2014년 아시안게임, 2018년 제6차 OECD 세계포럼을 개최했다. 유네스코는 인천을 2015년 세계 책의 수도로 선정했다.

인천 지명은 미추홀(彌鄒忽)로 출발했다. 미추홀은 '물가 지역(믓골), 거친 들판 지역(맷골)'을 뜻한다. 고구려에서 매소홀(買召忽), 통일 신라에서 소성(邵城), 고려에서 인주(仁州)라 했다. 1413년 10월 15일 인천(仁川)이라는 도시 명칭이 정해졌다. 10월 15일은 「인천 시민의 날」이다.

인천 서쪽으로 해안 매립지가 있다. 부평구는 원적산, 광학산, 거마산을 경계로 도심과 분리된다. 연수구는 문학산을 경계로 도심과 구분된다. 계양구는 계양산, 천마산을 경계로 별개의 시가지를 형성한다. 동구와 중구는 원도심, 동인천역 중심은 동인천, 서구는 서인천, 미추홀구·남동구·연수구는 남인천, 계양구·부평구는 북인천이라 부른다. 강화군은 김포시와 밀접한 생활권을 형성한다. 기온과 강수량은 내륙 지방과 비슷하다.

인천은 원삼국시대 미추홀(彌鄒忽)로 불렸다. 475년 고구려가 이곳을 점령해 매소홀현을 설치했다. 6세기에서 10세기까지 신라가 관할했다. 삼국 통일 이후 757년 소성현(邵城縣)으로 개칭됐다. 고려때 수주(樹州)에 속했다. 1105년 경사의 근원지를 뜻하는 경원군(慶源郡)으로 승격했다. 1390년 경원부(慶源府)로 개칭됐다. 1232년 수도를 개경에서 강화도로 천도하여 몽고에 항쟁했다. 1270년 개경으로 환도할 때까지 고려의 수도였다. 1392년 인주로 격하됐다. 1413년 인천으로 바뀌었다. 1460년 인천 도호부로 승격됐다. 1876년 개항했다. 1883년 제물포가 개항됐다. 인구는 4,700명이었다. 제물포에 인천감리서가 설치됐다. 1896년 인천부(仁川府)가 설치됐다. 1899년 인천역에서 노량진역까지 33㎞ 경인선이 개통됐다. 1945년 인천부를 제물포시로 개칭했다가, 다시 인천부로 환원했다. 1949년 인천부를 인천시로 개칭했다. 1950년 7월 4일 한국전쟁으로 인천시가 북한군에게 점령당했다. 1950년 9월 15일 인천상륙작전으로 수복됐다. 1981년 인천직할시가 설치됐다. 1995년 인천광역시로 개칭됐다. 1995년 경기도 옹진군, 강화군, 김포군 검단면이 인천광역시에 편입됐다. 2018년 남구의 명칭을 미추홀구로 변경했다. 2003년 경제자유구역이 지정됐다.

인천은 국제 물류 도시로 인천국제공항과 인천항이 있다. 인천국제공항은 1992-2001년에 영종도와 용유도 사이 매립지를 매워 개항했다. 2020년대까지 4단계에 걸쳐 제1터미널, 미드필드 콩코스, 제2터미널이 조성됐다. 4개의 활주로와 헬리콥터 이착륙장이 있다. 2019년 기준으로 승객 71,169,516명, 화물 2,764,369톤을 운송했다. 여객/화물 터미널, 활주로, 관제탑, 관리 건물, 교통 센터, 통합 운영 센터, 국제 비즈니스 센터, 관리 청사, 휴식, 문화, 교통 시설 등이 갖춰져 있다. 세계적으로 좋은 공항, 깨끗한 공항, 빠른 공항, 첨단화된 공항으로 평가받고 있다.그림 22

인천항(仁川港)은 수도권의 해상 관문, 서울의 외항 기능을 담당하고 있다. 조선 초기 제물포 군사 요충지였다. 임진왜란과 병자호란 때 국방 요충지였다. 1883년(고종 20년) 강화도 조약으로 개항했다. 1911년부터 제1독(dock)이 축조됐다. 1974년 인천내항에 현대식 갑문이 건설됐다. 수심이 얕아 초대형 선박이나 특수 선박이 드나들기 어렵다. 인천내항은 인천항이 시작된 곳이다. 2019년까지 인천과 중국 남부 지역을 오가는 여객선의 기착지인 인천항 제2국제여객터미널이 있었다. 송도국제도시 최북서쪽에 있는 골든하버는 인천항국제여객터미널, 인천항크루즈터미널과 함께 인천남항 기능의 일부를 담당한다. 인천신항은 항만을 재배치하고, 대형 컨테이너선의 입항

그림 22 대한민국
인천국제공항과
인천항

그림 23 **대한민국 인천 송도 센트럴파크와 포스코타워 송도**

을 위해 건설된 항구다. 송도국제도시에 있다. 수심 14m다.그림 22

인천은 서울, 인천, 경기도 수도권 공업지역의 한 축이다. 제조업, 바이오, 물류 산업 등 신성장산업이 활성화됐다.

경제자유구역은 인천의 새로운 경제지역이다. 2023년 기준으로 123.65㎢ 면적에 428,066명이 거주한다. 외국인이 7,922명이다. 경제자유구역은 송도, 청라, 영종의 세 구역이다. 인천국제공항과 항만을 포함해 132.9㎢다. 송도국제도시는 연수구 송도동 인근의 간석지를 매립해 건설됐다. 국제금융과 무역, 지식기반산업, 친환경적인 주거지역으로 특화됐다. 센트럴파크, 동북아무역타워, 송도컨벤시아, G타워 등이 있다. 인천대학교, 연세대학교

국제캠퍼스, 한국뉴욕주립대학교, 겐트대학교 등의 교육기관이 위치했다. 영종국제도시는 인천국제공항 직원, 방문객, 물류업 종사자 특화지역으로 계획됐다. 인천국제공항과 연계한 물류, 관광 산업에 맞춰져 있다. 청라국제도시는 서구 청라동에 위치했다. 주거지, 테마파크, 체육시설, 원예단지, 국제금융, 국제업무, 레저 중심지로 특화됐다.그림 23

광주광역시

광주광역시(光州廣域市)는 전라남도의 중심도시다. 2022년 기준으로 501.24㎢ 면적에 1,432,651명이 산다. 2005년 도청이 무안군으로 이전하기까지 도청소재지였다. 광주는 '빛 고을'을 뜻한다.

　광주는 준평원화된 구릉성 지대에 입지했다. 광주천과 소지류는 영산강 본류로 이어진다. 광주의 명산 무등산(無等山) 정상 천왕봉은 1,187m다. 1972년 도립공원으로, 2013년 국립공원으로 지정됐다. 지정 면적은 75.425㎢다. 불교전래 후 무등산(無等山)이라 부르게 됐다. 천왕봉 일대에 수직 주상절리 암석이 솟아 있다. 무등산 주상절리대는 천연기념물로 지정되어 있다. 무등산에는 경관자원 61개소, 멸종위기종 8종, 지정문화재 17점 등이 있다. 문인들이 광주 원도심에서 무등산을 조망하며 작품을 창작하는 것을 선호했다.그림 24

　마한 때 광주에 부족이 살기 시작한 것으로 추정했다. 백제 시대 광주를 무진(武珍)으로, 신라 때 무주(武州)라고 쓴 기록이 있다. 940년 고려 태조 23년 무주를 광주(光州)로 개편하고 도독부를 두었다. 공민왕 11년 무진부(茂珍府)로

그림 24 **무등산에서 바라본 대한민국 광주**

바꿨다. 조선 시대 광주는 무진군, 무진현이 되었다. 1896년 전라남도 도청
이 입지했다. 1910년 광주면이 됐다. 1929년 광주학생독립운동이 일어났다.
1931년 광주읍, 1935년 광주부로 변천했다. 1949년 광주시가 됐다. 1980년
군사정변에 항거하는 광주항쟁이 전개됐다. 1987년 광주항쟁을 기리는 국
립묘지가 건립됐다. 1986년 광주직할시, 1995년 광주광역시로 변경됐다.
2005년 전라남도 도청이 무안 남악신도시로 이전했다. 2011년 문화산업 투
자진흥지구와 광주연구개발 특구가 지정됐다. 2002년 FIFA 월드컵, 2015년
하계 유니버시아드 , 2019년 세계수영선수권대회 등이 개최됐다.

　광주는 자동차, 가전제품, 광산업이 활성화되어 있다. 완성자동차 제조
업은 광주의 주력 산업이다. 자동차부품연구원, 전자부품연구원, 광주과
학기술원, 한국광기술원, 한국생산기술연구원, 광주테크노파크 등이 있다.

그림 25 대한민국 광주 아파트 단지와 금남로

광주는 다핵 도시구조다. 동구는 광주의 중심지였다. 충장로와 금남로가 있다. 남구에는 양림역사문화마을과 펭귄마을 2개소의 문화마을이 조성됐다. 국립아시아문화전당 개관 이후 동명동에 이색상가들이 들어섰다. 충장로, 양림동, 동명동은 광주의 구시가다. 충장로-양림동-동명동은 유동인구가 많고, 병원·도서관·문화시설·창업시설 등이 위치해 있다. 광주의 신시가지는 서구와 광산구다. 1990년대부터 도심확장이 진행되어 도시 기능이 서구로 옮겨왔다. 1997년 광주광역시청과 시의회가 신도심 상무지구로 이전했다. 시청이 이전하면서 공기업과 민간기업들이 따라와 새로운 도심이 형성됐다. 광산구에는 수많은 택지지구가 조성됐다. 1990년대 초 논밭이었던 지역은 광주 인구의 1/3이 사는 곳으로 탈바꿈했다. 광주는 넓은 평지를 갖고 있다. 원도심 주변 일대에 아파트를 비롯해 많은 택지가 조성됐다.그림 25

광주의 충장로는 상권 중심지, 금남로는 행정과 금융의 중심지였다. 충장로는 연장 1.66㎞, 폭 8m의 도로다. 도로명은 임진왜란 의병장 김덕령의 시호 충장(忠壯)에서 유래했다. 충장로1가-3가는 대형패션몰, 의류 상가가, 충장로4가-5가는 한복 상가가 입점했다. 충장로와 구성로 교차로에는 광주광역시의 도로원표가 설치되어 있다. 금남로(錦南路)는 광주광역시도 제2호선이다. 총길이 1.895㎞다. 북구 임동 발산교 앞 교차로에서 동구 금남로1가 문화전당역 인근 교차로까지 이어지는 도로다. 도로명은 조선 무신 정충신의 봉호 금남군(錦南君)에서 따왔다. 금남로의 전남도청이 무안군 남악신도시로 이전했다. 광주광역시청과 시의회, 공공기관, 금융회사 등이 신도심인 서구 상무지구로 옮겼다. 도청 자리에 국립아시아문화전당이 들어서면서 문화 거리로 바뀌었다. 축제와 문화 행사가 열린다.그림 25

대전광역시

대전광역시(大田廣域市)는 대한민국 중앙에 있다. 2022년 기준으로 539.85㎢ 면적에 1,469,543명이 거주한다. 대전은 '한밭, 큰 들판'이란 뜻이다.

갑천, 유등천, 대전천이 합류한다. 합류한 하천은 북쪽의 금강으로 흘러 들어간다. 하천 연변에는 해발고도 40m의 넓은 충적평야가 발달되어 있다. 충적지 주변 산록완사면에서 농경·거주·산업활동이 펼쳐진다. 갑천은 대전의 중심부를 가로질러 흐른다. 신탄진에서 금강과 합류한다.

대전의 동부에는 계족산, 개머리산, 함각산이 있다. 서쪽은 계룡산(845m), 갑하산, 빈계산으로 이어지는계룡산 자락이다. 남부에는 보문산(457.3m), 서남부에는 구봉산이 있다. 동남부의 식장산은 높이 597.4m로 대전에서 가장 높다. 북부에는 금병산, 매방산, 불무산 등이 있다.그림 26

대전은 백제에서 우술군(雨述郡), 신라에서 비풍군(比豊郡)이었다. 고려에서 회덕현(懷德縣)으로 공주목에 속했다. 조선시대 성리학의 기호학파가 활동했다. 1905년 경부선이 들어섰다. 1913년에 호남선이 대전에서 분기했다. 1914년 대전군이 설치됐다. 1932년 충청남도청이 공주에서 대전으로 이전했다. 1935년 대전읍이 대전부로 승격됐다. 대전군은 대덕군으로 바뀌었다. 1949년 대전부가 대전시로 개칭됐다. 1950년 한국 전쟁 중 임시 수도가 됐다. 1970년 회덕 분기점에서 경부고속도로와 호남고속도가 분기 개통됐다. 1973년 대덕연구단지가 조성됐다. 1989년 대전시와 대덕군이 통합되어 대전직할시로 승격됐다. 1993년 대전 세계박람회를 개최했다. 108개 국가에서 14,500,000명이 참가했다. 1995년 대전광역시로 개칭됐다. 1997년 둔산동에 정부대전청사가 건립됐다. 1998년 대전이 주도해 국제협력기구

그림 26 **식장산에서 바라본 대한민국 대전**

인 세계과학도시연합을 창설했다. 1999년 대전시청이 중구에서 둔산으로
이전했다. 2011년 국제과학비즈니스벨트 거점도시로 지정됐다.

　조선시대 영남권과 수도권을 잇는 영남대로에는 죽령, 조령, 추풍령의 세
고개가 있다. 1905년 세 고개 가운데 제일 낮은 추풍령을 선택해 경부선 철
도를 놓았다. 그 이후 대전은 수도권·영남권·호남권의 분기점이 됐다. 대전
은 대한민국 철도와 도로의 교차로로 발전했다. 경부고속철도, 경부선, 호
남선 철도가 분기한다. 경부고속도로, 호남고속도로지선, 통영대전고속도
로, 서산영덕고속도로 등이 연결된다.

　대전에는 정부대전청사, 특허법원 등 중앙행정기관이 입지했다. 1997년

그림 27 대한민국 정부대전청사와 대전시청

정부대전청사가 서구 둔산동에 들어섰다. 대지 면적 518,338㎡다. 20층 건물 4개동과 부속건물의 연면적은 226,502㎡다. 1동에는 관세청, 산림청, 문화재청, 기상청이 있다. 2동에는 정부청사관리소 소속 대전청사관리소, 행정안전부 소속 국가기록원, 병무청, 충남지방노동위원회, 관세청, 문화재청, 특허심판원, 감사원 대전사무소가 입주했다. 3동에는 통계청, 병무청, 조달청이, 4동에는 특허청이 있다. 부속건물은 후생동, 정부대전청사경비대, 어린이집이다. 빌딩자동화 시스템, 사무자동화시스템, 정보통신시스템이 갖춰진 인텔리전트 빌딩이다. 1959년 대전시청은 중구 은행동에서 대흥동으로 옮겼다. 1995-1999년 서구 둔산동에 대전광역시청을 새로 지어 이전했다. 면적 68,908.40㎡다. 지상 21층과 지하2층의 연면적은 87,213.40㎡다.그림 27

대덕연구개발특구는 1973-1992년에 조성됐다. 1980년대에 정부출연연구소가, 1990년대에 민간연구소가 입주했다. 2005년 유성구, 대덕구에 67.8㎢ 면적의 연구·개발·사업 기능 특구가 출범했다. 2011년 국제과학비즈니스벨트 거점지구가 됐다. 2021년 기준으로 한국과학기술원, 한국전자통신연구원 등 정부출연연구기관, 한국조폐공사, 전력연구원 등 공기업, 민간연구소, 기업 등이 입주해 있다. 코스닥 상장기업, 연구소 기업, 첨단기술기업도 들어와 있다.

대전은 제조, 로봇, 항공우주, 바이오메디칼, 국제과학비즈니스벨트, 물류, 콜센터, MICE 산업 등이 활성화되어 있다.

울산광역시

울산광역시(蔚山廣域市)는 남동부에 있는 광역시다. 2017년 기준으로 1,057㎢ 면적에 1,166,000명이 산다.

1413년(조선 태종) 울주(蔚州)를 울산군(蔚山郡)으로 개칭했다. 삼한시대 울산에 우시산국(于尸山國)이 위치했다. 이 두 표기법에서 시(尸)를 ㄹ의 표기로 사용했다. 따라서 于尸山은 「우+ㄹ+산」이 된다. 「울뫼나라, 울산국」이라 했을 것으로 추정했다. 울은 '울타리, 성(城)'을 의미한다. 울뫼나라는 '산이 성처럼 둘러싸인 나라'의 뜻으로 설명한다.

삼한시대 우시산국(于尸山國), 고려시대 울주(蔚州), 조선시대 1413년 울산군으로 변천했다. 1598년에 울산군이 울산도호부로, 1895년에 울산도호부가 울산군으로 바뀌었다. 1917년 울산면으로, 1931년 울산읍으로 변천했다. 1962년 경상남도 울산시로 승격됐다. 1997년 울산광역시로 개칭됐다.

태화강(太和江)은 울산 서부 산지에서 발원해 울산 중심시가지를 가로지르는 국가하천이다. 울산만을 거쳐 동해로 이어진다. 길이 48㎞다. 울산은 태화강 유역을 중심으로 발전했다. 태화강은 울산의 상징이다. 울산 시민의 절반 정도가 태화강 연안에 살고 있다. 태화강은 풍부한 공업용수를 공급했다. 울산만 항구는 울산을 공업도시로 성장시켰다. 태화강 하구에 자동차공단, 석유화학공단, 조선소 등이 입지했다. 그러나 태화강은 생활하수와 공업하수가 뒤섞여 수질이 좋지 않았다. 상당 기간 수질개선을 진행해 5급수 수질이 2급수로 좋아졌다. 수영대회·용선대회 등이 열린다.그림 28

울산은 1962년 특정공업지구로 지정되면서 공업도시로 성장했다. 동구에 현대중공업·현대미포조선 등 현대중공업그룹의 조선소가 위치했다. 북

그림 28 **대한민국 울산공업센터 기념비와 태화강 울산대교**

구에 현대자동차·현대모비스와 효문산업공단이 있다. 남구 울산석유화학
공단에 정유화학공장이 있다. 울주군 온산국가산업공단에는 석유화학 비
철금속 기업이 있다. 울산은 자동차·조선·석유화학 공업이 발달했다. 현대
제철, 한화솔루션, 롯데케미칼, LG생활건강, 금호석유화학 등의 기업이 있
다. 한국석유공사, 한국에너지공단, 에너지경제연구원, 한국산업인력공단,
안전보건공단 등 공기업이 있다. 1967년 남구에 울산공업센터 건립 기념탑
을 세웠다. 공업탑이라 불린다.그림 28

　울산에는 장생포고래박물관, 울산대곡박물관, 울산반구대암각화박물관
등이 있다. 울산 시민들은 가지산 사계, 강동·주전해안 자갈밭, 대왕암공원,
신불산 억새평원, 파래소 폭포 등을 즐겨 찾는다.

세종특별자치시

세종특별자치시(世宗特別自治市)는 대한민국 행정중심복합도시 기능을 수행하는 특별자치시다. 2020년 기준으로 465.23㎢ 면적에 351.007명이 산다. 도시명은 조선 세종의 묘호를 땄다. '세상의 으뜸'이라는 뜻이다. 세종시의 중심과 주변으로 금강과 미호강이 흐른다.

　2003년 대통령 선거에서 수도권 과밀화가 쟁점으로 부상했다. 「중추기능이전론」이 제기됐다. 수도권 과밀화를 해결하고 국토 균형발전을 도모하자는 대안이었다. 수도권의 입법·행정 중추 기능의 일부를 비수도권에 점진적으로 이전해 균형발전을 도모하자는 논리였다. 대통령과 외교·국방·통일 기능은 서울에 남는 것으로 제안됐다. 도시가 들어서는 기간이 15년 이상 걸리기 때문에 점진적이고 단계적으로 이전하자고 했다. 현실적으로 수도권 중추기관에 근무하는 자녀들의 중등학교를 마치고 기간도 10년 이상이 걸린다. 그러나 수도 이전을 공약한 후보가 대통령에 당선되면서 수도 이전이 빠르게 추진됐다. 2004년 ① 천안, ② 연기-공주, ③ 진천-음성, ④ 공주-논산 등 4개의 후보지 가운데 선정기준점수가 제일 높은 연기-공주 지역이 신행정수도 후보지로 선정됐다. 2006년 국민공모를 통해 「세종」이라는 도시명칭이 선정됐다. 세종시는 도시 중심부가 전답으로 되어 있다. 이런 연유로 도시는 동그라미 동심원 구조로 계획됐다. 홍수 시에도 안전한 산기슭에 주요 건물이 배치됐다. 여러 가지 우여곡절 끝에 최종적으로 2012년 7월 1일 세종특별자치시가 출범했다.그림 29

　세종시로 이전한 중추기관은 1실, 10부, 2처, 2청, 1실, 2위원회의 17개 기관과 산하 20개 기관 등 37개 기관이다. 1단계(2012년 이전)로 국무총리실,

그림 29 대한민국 세종특별자치시 조감도

기획재정부, 공정거래위원회, 국토해양부, 환경부, 농림수산식품부가 이전했다. 2단계(2013년 이전)로 교육부, 문화체육관광부, 지식경제부, 보건복지부, 고용노동부, 국가보훈처가 옮겼다. 3단계(2014년 이전)로 법제처, 국민권익위원회, 국세청, 소방청, 미래창조과학부가 이전했다. 이어서 경제인문사회연구회, 기초기술연구회, 산업기술연구회 등 16개 정부출연 연구기관이 옮겼다. 2007년부터 성남시 국가기록원에 보존했던 대통령 기록물은 2015년 세종시에 신축한 대통령기록관으로 이전했다.

세종시는 서울에서 남쪽으로 121km 떨어져 있다. 서울과 충북 오송역 사이에 KTX가 운행된다. 오송역에서 세종까지 버스로 이동한다. 오송역은 2010년 개통됐다.

정부세종청사(Government Complex Sejong)는 세종특별자치시에 위치한 대한민국 정부청사다. 2008-2014년 기간에 대부분 청사가 완공됐다. 2022년 중앙동이 완공됐다. 대지면적 374,449㎡, 총면적 604,248㎡다. 지하 1층, 지상 8층이다. 옥상정원이 있다. 입주 기관은 1동에 국무조정실, 국무총리비서실이 있다. 2동에 공정거래위원회, 조세심판원이 있다. 3동에 세종청사관리소가 있다. 4동에 복권위원회, 과학기술정보통신부가 있다. 5동에 농림축산식품부, 해양수산부, 중앙토지수용위원회, 중앙해양안전심판원, 항공철도사고조사위원회가 있다. 6동에 국토교통부, 환경부, 행정중심복합도시건설청, 중앙환경분쟁조정위원회가 있다. 7동에 법제처, 국민권익위원회가 있다. 8동에 우정사업본부가 있다. 9동에 국가보훈부, 보훈심사위원회가 있다. 10동에 보건복지부가 있다. 11동에 고용노동부, 중앙노동위원회, 최저임금위원회, 산업재해보상보험재심사위원회가 있다. 12, 13동에 산업통상자원부가 있다. 14동에 교육부, 교원소청심사위원회가 있다. 15동에

그림 30 대한민국 정부세종청사 전경과 국립세종도서관

문화체육관광부, 해외문화홍보원이 있다. 16동에 국세청이 있다. 17동에 소방청, 인사혁신처, 한국정책방송원이 있다. 중앙동에 행정안전부, 기획재정부, 중앙재난안전상황실이 있다.그림 30

정부세종청사는 ① 진도 7-8에 견디는 내진 특등급, ② 초고속 정보통신 건물 인증 1등급, ③ 지능형건축물 인증 2등급, ④ 화생방 1등급, ⑤ Green Roof 단열효과로 냉방 16%, 난방 10% 절감, ⑥ 무공해 쓰레기 처리시설, ⑦ 유비쿼터스 지능화 행정서비스, ⑧ 옥상정원 등의 특징을 갖고 있다.

국립세종도서관은 2013년 개관했다. 건물은 책을 형상화했다. 아름다운 도서관으로 평가받았다. 지상 4층, 지하 2층이다. 2021년 기준으로 775,257권을 소장하고 있다. 한국서 710,291권, 중국서 265권, 일본서 468권, 서양서 43,182권, 비도서 21,046점 등이다.그림 30

세종호수공원은 2013년 완공됐다. 광장분수와 테마시설이 있다. 규모는 705,768㎡다. 호수 면적은 322,800㎡다. 국립세종수목원은 도시형 수목원으로 실내수목원이다. 2,834종, 1,720,000그루의 식물이 있다.

대한민국의 공식 언어는 한국어(韓國語)다. 조선의 4대왕 세종대왕이 1443년 창제해 1446년『훈민정음』이라는 한글을 반포했다. 2023년 기준으로 1인당 명목 GDP는 33,393달러다. 2022년의 1인당 명목 GNI는 35,990달러다. 2021년 유엔은 대한민국을 선진국으로 인정했다.

대한민국은 세계적 산업 강국이다. 2022년 기준으로 수출규모가 세계 7위다. 2023년 기준으로 세계 6위의 군사대국으로 평가됐다. 노벨상 수상자는 1명이다. 2022년「완전한 민주주의 국가」로 공인됐다. 2015년 인구센서스에서는 개신교 19.7%로, 가톨릭을 7.9%로 조사했다. 개신교와 가톨릭을 합치면 기독교가 27.6%다. 불교는 15.5%다.서울특별시는 1394년 이

래 대한민국의 수도다. 부산은 해양도시다. 대구·인천·광주·대전·울산은 내
륙 광역시다. 서울과 광역시 주변에 그린벨트가 설치되어 있다. 환경보전
과 대도시 확산 조정을 위한 개발제한구역이다. 대한민국 중심에 세종특별
자치시가 있다. 국토의 균형발전을 위해 중추기능을 옮겨 세운 행정중심복
합도시다.

중화인민공화국

그림 1 **중화인민공화국 국기**

01 중화인민공화국 전개과정

정식 명칭은 중화인민공화국(정체자 中華人民共和國, 간체자 中华人民共和国)이다. 약칭은 중국(정체자 中國, 간체자 中国)이다. 병음은 중화런민궁허궈(Zhōnghuá Rénmín Gònghéguó), 중궈(Zhōngguó)라 한다. People's Republic of China는 영어 표기다. 약자는 PRC다. 2023년 기준으로 9,596,961㎢ 면적에 1,411,750,000명이 거주한다. 수도는 베이징이다. 중국 공산당이 통치하는 일당 사회주의 국가다.

중국민족(中國民族)은 인구의 92%인 한족(漢族)과 55개의 소수민족으로 구성되어 있다. 이 분류에 포함되지 않은 소수 민족은 미식별민족이라 한다. 특별행정구인 홍콩과 마카오는 독자적인 인종/국적 분류를 사용한다.

「중국」 글자는 BC 11세기 주나라의 청동기에 최초로 나온다. 시경에 「惠此中國(혜차중국)」이라는 구절이 들어 있다. 이는 지리적 중심부, 곧 주나라의 중심이라는 의미였다. 중원(中原), 중화(中華)라고도 했다. BC 221-BC 206년 기간의 진(秦)이 중원을 제패해 사용한 어휘다. 한(漢 BC 202-220) 시대에 중국은 '중원을 차지한 하나의 나라'라는 의미로 정착됐다. 신해혁명 이후 中國과 Republic의 번역어인 민국(民國)을 조합해 중화민국(中華民國/中华民国), 약칭 중국(中國/中国)이라 사용했다. 오늘날에는 중화(中華)라는 말과 정치 체제인 인민공화국이 합쳐진 중화인민공화국을 정식 국명으로 채택했다. 영어의 차이나(China)는 진나라의 친(Chin)에서 유래했다는 설이 유력하다. 거란(契丹, Khitan)에서 비롯한 캐세이(Cathay)란 말도 중국을 뜻한다.

국기는 오성홍기(五星紅旗)다. 1949년 10월 1일 중화인민공화국 건국기념식에서 베이징 천안문 광장 기둥에 처음 게양됐다. 홍색은 공산군의 피와 혁명을 상징한다. 좌측 상단에 다섯 개 오각형의 황금색 별이 있다. 황금색은 추수와 광명을 의미한다. 중국 공산당은 중앙의 큰 별로 나타냈다. 중국의 노동자·농민·도시의 소자산·민족자산은 네 개의 별로 표현했다.그림 1

중국의 공식언어는 표준 중국어다. 중국어(中國語) 또는 중문(中文)은 중국티베트어족에 속하는 언어군이다. 표준 중국어는 한어, 화어, 중어(中語)라고도 한다. 한어는 정체자로 漢語, 간체자로 汉语, 병음으로 hànyǔ(한위)로 표현한다. 화어라고도 한다. 화어는 정체자로 華語, 간체자로 华语, 병음으로 huáyǔ로 표기한다. 중화인민공화국, 중화민국, 싱가포르의 공용어다. UN의 6개 공용어 중 하나다. 한자(漢字)라는 문자로 표기된다. 고대 상형문자 갑골문을 기반으로 한 표어문자다. 발음을 표기할 때에는 주음부호와 로마자를 이용한 병음이 사용된다.

표준 중국어는 현대표준한어다. 영어로 Standard Mandarin이라 한다. 중화인민공화국에서 푸통화(普通話), 중화민국에서 국어(國語)로 부르는 단독 표준어다. 싱가포르에서 화어(華語)라 부르며 싱가포르 네 공용어 중 하나다. 중국어는 방언연속체로 이루어진 제어(諸語)다. 방언은 ① 북방어(官話, Mandarin) ② 우어(吳語) ③ 광둥어(廣東話, 粤語) ④ 민어(閩語, 타이완어 포함) ⑤ 진어(晉語) ⑥ 샹어(湘語) ⑦ 하카어(客家語) ⑧ 간어(贛語) ⑨ 훼이어(徽語) ⑩ 핑어(平語) 등으로 나눈다.그림 2

중국의 지형은 동저서고(東低西高)다. 8000m 이상의 고산이 7개 있다. 대부

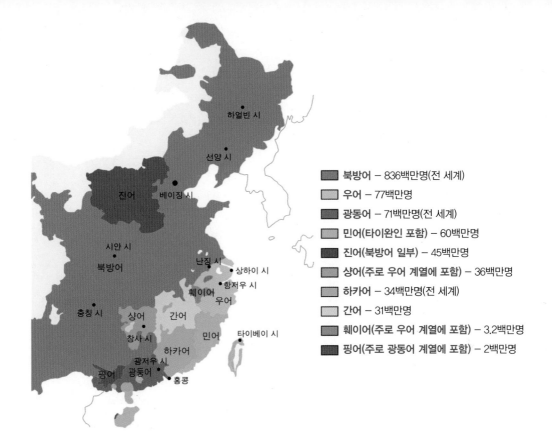

그림 2 **중국의 언어 지도**

북방어 – 836백만명(전 세계)
우어 – 77백만명
광동어 – 71백만명(전 세계)
민어(타이완인 포함) – 60백만명
진어(북방어 일부) – 45백만명
샹어(주로 우어 계열에 포함) – 36백만명
하카어 – 34백만명(전 세계)
간어 – 31백만명
훼이어(주로 우어 계열에 포함) – 3.2백만명
핑어(주로 광동어 계열에 포함) – 2백만명

분의 하천은 동쪽이나 남쪽으로 흘러 바다로 흘러 들어간다. 장강(長江), 황하(黃河), 흑룡강(黑龍江), 야룽장보강(舌龍張波), 회허(淮河) 등이 있다. 신장의 타림강은 사막을 가로지르는 생명의 강이다. 대륙성 기후다. 9월부터 다음해 4월까지 건조하고 한랭하다. 겨울 계절풍이 시베리아와 멍구고원에서 불어온다. 남북의 기온차가 크다.

　백두산(白頭山)은 중국 국경에 있는 화산이다. 조선민주주의인민공화국과 공유한다. 중국은 창바이산(長白山)이라 한다. 높이 2,744m다. 산정상이 눈으로 덮여 있고 흰색의 부석(浮石)들이 얹혀져 있다. 이런 연유로 '흰머리산'이라는 뜻의 백두산이라 했다. 장군봉(將軍峰), 향도봉 등이 있다. 정상에는

그림 3 **백두산의 천지**

천지(天池) 칼데라 호가 있다. 한반도의 기본 산줄기인 백두대간(白頭大幹)은 백두산부터 지리산(智異山)까지다. 백두산은 장백산맥의 주봉이다. 백두산은 백산, 장백산 등으로도 불렸다. 조중변계조약(朝中邊界條約, 1962)에서 이 산을 백두산이라 칭했다.그림 3

　170만 년 전 위안머우 원인(元謀人)이 윈난성에, BC 70만년 전-BC 40만년 전 베이징 원인(北京猿人)이 살았다는 유적이 있다. 12만년 전-8만년 전 사이의 현대 인류 화석은 후난성 다오현 푸옌 동굴에서 발견됐다. 중국 신화에는 삼황오제(三皇五帝)의 전설적 제왕들이 등장한다.

중국의 역사는 ① 선진시기 ② 중화 제국 ③ 현대사로 나누어 고찰할 수 있다. ① 선진 시기(先秦時期)는 BC 21세기-BC 221년 기간이다. 하(夏)가 BC 21세기-BC 17세기에 존속했다. 하를 누르고 상(商)이 건국됐다. 상은 BC 17세기-BC 11세기 중반까지 유지됐다. 은허로 수도를 옮기면서 은(殷)이라고도 불렀다. 상을 무너뜨리고 주(周, BC 1050-BC 256)가 들어섰다. 주의 왕은 천자(天子)라 했다. BC 770-BC 221 사이의 춘추전국시대(春秋戰國時代)에 주의 패권이 약해졌다. 춘추 오패와 전국 칠웅이 세력을 다퉜다.

② 중화제국(中華帝國)은 BC 221-1911년 사이에 존속했다. BC 221년 진 시황제는 스스로를 「황제」라고 선언했다. 황제라는 칭호는 1911년 청의 마지막 황제가 퇴위할 때까지 계속 사용했다. 이런 연유로 BC 221-1911년 기간을 중화제국(Imperial China)이라 부른다. 구미학계에서 중화제국을 초기, 중기, 후기로 나누어 고찰한다. 초기에는 진(秦)의 통일, 한(漢)으로의 교체, 제1분열(삼국시대), 진(晉)의 통일, 북중국의 상실 등의 역사적 움직임이 전개됐다. 중기에는 수(隋)의 통일, 당(唐)의 등장, 제2분열(오대십국)이 일어났다. 후기에는 송(宋), 원(元), 명(明), 청(淸)이 차례로 건국됐다.

초기 중화제국(Early Imperial China)은 진·한 시기와 위진남북조 시기로 나눈다. BC 221-BC 207년 기간의 진(秦)은 한(韓), 제(齊), 위(魏), 조(趙), 연(燕), 초(楚)를 제압하고 중국 본토를 통일했다. 황제(皇帝)의 칭호를 사용했다. 모든 제후국을 폐지했다. 황제가 직접 다스리는 군현제를 실시했다. 폭압적 통치에 무너졌다. 초한전을 거쳐 한(漢)나라가 중원을 통일했다. 한나라는 200년 넘게 중앙집권적 국가를 유지했다. 서양에 나라 이름 한(漢)이 알려졌다. 전한(前漢, BC 20-9)은 신(新, 9-23)에 의해 명맥이 끊기다가 후한(後漢, 25-220)으로 다시 통일됐다. 위진남북조 시대는 삼국 시대(三國時代, 220-280)와 남북조 시대(南北朝時代, 439-589)를 포괄한다. 위(魏)의 조비는 후한으로부터 제위를 물려받아 중원을 차지했다. 촉(蜀)의 유비는 서남 지방을 통치했다. 오(吳)의 손권은 장강이남을 점유했다. 위는 서진(西晉, 265-316)으로 승계되어 삼국을 통일했으나 흉노족에 의해 무너졌다. 서진이 있던 땅에 16개의 국가가 들어서 십육국시대(十六國時代, 316-439)를 열었다. 비한족 국가와 한족 국가가 공존했다. 여러 세력이 다투면서 부침했다. 북주(北周)는 수(隋)로 이어졌다. 동진(東晉)을 계승해 송(宋), 제(齊), 양(梁), 진(陳)의 남조가 세워지나 수나라에게 정복됐다.

중기 중화제국(Mid-Imperial China)은 수·당 시기와 오대삼국 시기로 나눈다. 북주는 수(隋, 581-618)를 건국한 후 남조를 무너뜨리고 중원을 통일했다. 당(唐, 618-907)은 수를 누르고 건국했다. 당은 비단길을 통해 유럽과의 교역을 활성화시켰다. 잠시 국호를 주(周, 690-705)로 바꾸었다. 당은 후량에게 멸망당했다. 화북에는 5개의 대국과 10개의 소국이 다투는 오대십국(五代十國, 907-960) 시대가 전개됐다.

후기 중화제국(Late Imperial China)은 송·원·명·청 시대로 나눈다. 송(宋, 960-1279)은 오대십국의 혼란을 제압하고 다시 중원을 통일했다. 지폐를 발행했고, 상비 해군을 창설했다. 쌀과 보리의 이모작이 확대됐다. 예술, 사상, 각종 실용기술이 발달했다. 문화 시대였다. 내몽골과 만주에서 거란족이 요(遼, 916-1125)를 세웠다. 요는 베이징 이북 송나라 지역을 점령했다. 이어 여진족이 금(金)을 건국했다. 금은 1115-1234년 기간 존속했다. 금은 요를 정복하고 화북 지방을 빼앗았다. 송이 무너졌다. 이때까지를 북송(北宋)시대라 한다. 북송을 계승한 남송(南宋)이 세워졌다. 남송은 몽골 제국과 함께 금나라를 무너뜨렸다. 남송은 몽골 제국을 계승한 원(元)에 의해 멸망됐다. 원

(元, 1271-1368)은 한족식 국가를 세우고 중국 본토를 장악했다. 나라의 영역은 몽골고원, 만주, 화북을 아우르는 지역이었다. 주원장이 원을 패퇴시켰다. 한족 왕조인 명(明)을 건국해 1368-1644년 기간 존속했다. 외국과 교류하며 선진 문물을 발달시켰다. 금나라의 후예인 만주족이 후금을 세웠다. 후금은 명을 누르고 중국을 다시 통일해 청(淸, 1616-1912)을 건국했다. 명을 계승한 남명(南明, 1644-1662)은 청에게 무너졌다. 청은 양무 운동으로 근대 국가 진입을 시도했다. 서구 열강이 거세게 침탈해 왔다. 1912년 신해 혁명으로 청은 끝을 맺었다.

③ 현대사는 중화민국과 중화인민공화국으로 나눈다. 중화민국(中華民國, 1912-현재)은 신해혁명으로 수립된 공화제 국가다. 1912년 1월 난징에서 중화민국 임시정부가 수립됐다. 쑨원이 임시 대총통이었다. 각 지방에서 군벌이 할거했다. 1912-1928년 기간 베이징에 군벌들 중심의 북양정부(北洋政府)가 존속했다. 1926-1928년 사이 장제스(蔣介石)가 군벌을 제압했다. 중국국민당 주도의 국민정부가 집권했다. 난징을 수도로 했다. 중국공산당은 농민들의 지지를 얻고 있었다. 천두슈(陳獨秀)와 마오쩌둥(毛澤東)이 주축이었다. 중국국민당은 중국공산당과 제1차 국공 합작(1923-1927)을 이루었다. 북벌 과정에서 분열이 일어났다. 중국국민당과 중국공산당 사이에 제1차 국공내전(1927-1936)이 터졌다. 1936년 시안 사건을 계기로 제2차 국공합작(1936-1941)이 성립됐다. 중국국민당과 중국공산당이 함께 항일 민족 통일전선에 매진했다. 중일전쟁(1937-1945) 중인 1940년 중화민국은 수도를 난징에서 충칭으로 천도했다. 1945년 일본 제국이 패망하면서 난징으로 복귀했다. 전후 처리 과정에서 갈등이 생겼다. 제2차 국공 내전(1946-1949)이 발발했다. 1946년 중화민국은 새로운 헌법을 제정해 국민정부를 헌정 체제로 격상시켰다.

1949년 4월 인민해방군이 난징을 점령했다. 1949년 10월 중국공산당은 중화인민공화국을 건국했다. 1949년 12월 중국국민당의 장제스는 타이베이시로 중화민국 정부를 이전하는 국부천대(國府遷臺)를 단행했다. 냉전시대 동안 중화민국은 국제적 위상을 유지했다. 탈냉전 시대에 들어서면서 실리 외교를 선호하는 국가들이 중화인민공화국 쪽으로 기울었다. 중화민국과 중국인민공화국은 서로 중국의 유일한 합법 정부임을 주장했다. 1971년 유엔 총회 결의 제2758호를 통해 중화인민공화국은 중화민국을 제치고 유엔에 입성했다. 중화인민공화국은 국제 사회로부터 인정받았다. 1971년 「핑퐁외교」로 미국과의 관계가 열렸다. 1979년 미국과 수교했다. 1978년 덩샤오핑(鄧小平)은 사상해방과 실사구시의 개혁 개방정책을 추진했다. 경제 성장을 통해 경제 강국에 진입했다. 1982년 중화인민공화국 헌법이 채택됐다. 1997년 영국으로부터 홍콩을 반환받았다. 1999년 포르투갈로부터 마카오를 돌려 받았다. 베이징 하계 올림픽(2008), 상하이 엑스포(2010), 베이징 동계 올림픽(2022)이 개최됐다.

중화인민공화국은 1949년 이후 계획경제체제를 채택했다. 토지와 산업을 국유화했다. 국가가 나서 국민당의 관료나 자본가들이 갖고 있던 자본을 관리했다. 인민공사, 대약진운동 등을 시도했다. 실효성이 크지 않았다. 1966년 이후 근대공업체제로 들어섰다. 1978년 사상해방과 실사구시의 개혁개방정책을 단행했다. 덩샤오핑(鄧小平)은 흑묘백묘론(黑貓白貓論), 선부론(先富論), 사회주의 시장경제론 등을 주장했다. 인민공사를 해체하고 농민에게 토지를 매각했다. 식량생산이 늘어 식량부족 사태가 풀렸다. 1980년 이후 기업과 금융 자율화, 세제 도입, 외국기업의 투자 보강 등 경제개혁을 실시했다. 1980년 홍콩 주변 선전(深圳, Shēnzhèn)을 개혁특구로 지정했다. 서구 자

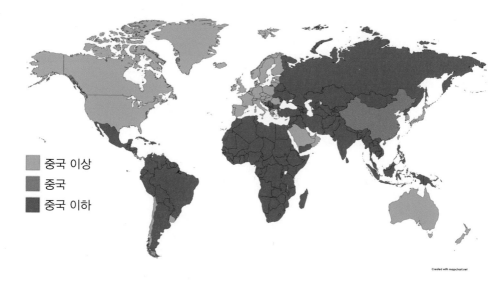

Created with mapchart.net

그림 4 **중국의 2020년 1인당 명목 GDP**

본과 기술이 들어왔다. 1989년 톈안먼 사건이 터졌다. 1991년 소비에트 연
방이 붕괴됐다. 성자성사(姓資姓社, 자본주의냐 사회주의냐) 논쟁이 불붙었다. 1992년
덩샤오핑은 남순강화(南巡講話)를 발표했다. 우한, 선전, 주하이, 상하이 등을
돌아 본 후였다. 그는 "자본주의 국가에도 계획경제가 있고 사회주의국가
에도 시장경제가 있다."는 사회주의 시장경제론을 천명했다. 개혁개방정
책은 다시 속도가 붙어 사영기업 육성, 400여 가지의 규제완화 등을 결행
했다. 중국은 저렴한 노동력으로 제조업 분야에서 경쟁력을 확보했다. 중
국은 「세계의 공장」으로 변모했다. 상하이, 홍콩, 심천 주식 거래소가 활성
화됐다.

　2023년 기준으로 중국의 명목 GDP는 17조 7010억 달러로 세계 2위다.
1인당 명목 GDP는 12,541달러로 세계 72위다.그림 4 2022년 기준으로 부문
별 GDP는 농업 7.3%, 산업 39.9%, 서비스업 52.8%다. 2021년 기준으로
직업별 노동력은 농업 24%, 산업 28%, 서비스업 47%다. 중국의 산업 가
운데 자동차, 전기차, 2차전지, 전기, 석탄, 태양광, 제조, 철강, 휴대전화,

식품 산업은 세계 최상위다. 조선, 컨테이너, 가전제품, 석유, 천연가스, 원자력, 의약품, 무기수출, 유학생, 인공지능, 빅데이터, 금융서비스, 드론, 로봇밀도, 우주발사, 바이오메디컬 산업은 세계적이다.

중국의 노벨상 수상자는 물리학 1명, 문학 2명, 평화 1명, 생리학/의학 1명 등 5명이다.

중국은 고대 문명이 이루어진 나라 가운데 하나다. 중국 문화는 아시아 여러 지역의 생활상에 영향을 미쳤다. 영향의 범위는 한자, 건축, 문학, 요리, 예술, 철학, 예절, 역사 등 다양하다.

중국의 민족 집단은 한족(Han Chinese)이 주류다. 소수 민족은 55개 집단이 산다. 중국인은 아시아와 다른 대륙으로 이주해 화교(華僑) 이름으로 거주한다. 한족은 중국 인구의 92%, 중화민국 인구의 95%, 싱가포르 인구의 76%, 말레이시아 인구의 23%, 전 세계 인구의 17%를 차지한다.

종교는 불교, 유교, 도교 중심으로 이어져 왔다. 불교는 중국의 예술, 문학, 철학을 형성했다. 중국 불교는 인도 종교, 중국 민속 종교, 도교 등과 상호 작용한다. 중국의 종교는 2021년 기준으로 전통 민속 종교 22%, 불교 18%, 개신교 5.1%, 무슬림 1.8% 등으로 구성되어 있다.

중국은 한나라부터 과거제를 통해 관리를 등용했다. 이에 문학, 글, 서예, 시, 그림, 춤, 연극 등이 활성화됐다. 주나라 이래 여러 사상들과 달력, 병법, 천문학, 약초학, 지리학 등의 학문이 발달했다. 유교는 인본주의·합리주의적인 종교, 통치 방식, 삶의 방식으로 설명된다. 삶의 양식은 BC 551-BC 479년 살았던 주나라 철학자 공자의 가르침에 기반을 두고 발전했다. 공자의 제자인 BC 372-BC 289년의 맹자는 '인간의 본성이 정의롭고 인도적이다.'라 했다. 사서 오경이 경전으로 활용됐다. BC 770-BC 221년의 춘추전국시대에 백가쟁명(百家爭鳴)의 백학파 철학이 꽃피웠다. BC 145-BC 86년의 사마천은 중국 문명 역사서『사기(史記)』를 출간했다. BC 470-BC 391년의 묵자(墨子)는 '하늘 앞에서는 모든 사람이 평등하다.'고 했다. BC 544-BC 496년의 손자(孫子)는 전략서『손자병법』을 남겼다. 박물학자 조우얀(鄒衍, BC 305-BC 240)은 음양(陰陽)과 오행(五行)을 결합해 음양오행론을 체계화했다. 노자(老子)는 저서『도덕경』(BC 4세기)에서 무위자연(無爲自然)을 설파했다. BC 369-BC 286년 기간의 장자(莊子)는 노자의 무위자연론을 발전시켜 만물일원론을 주장했다.

305편이 수록된『시경(詩經)』(BC 9세기-BC 7세기), 8세기 이백과 두보의 시, 뤄관중의『삼국지연의』(14세기),『수호전』(14세기), 우청엔(吳成恩)의『서유기』(1592),『금병매(金甁梅)』(1610), 우징지의『儒林外史』(1750), 카오쉐친의『홍루몽(紅樓夢)』(1791), 루쉰의『아큐정전(阿Q正傳)』(1921) 등은 중국인이 즐겨 읽는 문학 작품이다. 항우의 말년을 담은『패왕별희(覇王別姬)』는 경극, 소설, 영화로 제작됐다.

중국은 2022년 기준으로 문화유산 38개와 자연유산 14개를 포함해 총 57개의 유네스코 세계문화유산을 보유하고 있다. 세계 2위다. 명청 왕조의 황궁 자금성 및 목조 궁전, 진시황릉, 만리장성, 태산, 황산, 쓰촨 자이언트 판다 보호구역 등이 문화유산이다.

중국은 부계 중심 가족 질서, 조상 숭배 전통, 효(孝) 예절 중시의 문화가 있다. 최근 들어 핵가족화 추세다. 농촌은 여전히 대가족 제도가 유지된다. 수천년 간 이어져 온 중국 요리는 쓰촨, 광둥, 산둥, 장쑤, 푸젠, 후난, 안후이, 저장 요리 등 8가지 요리가 발달했다.

신장웨이우얼자치구
新疆维吾尔自治区

간쑤성
甘肃省

칭하이성
青海省

시짱자치구 (티베트자치구)
西藏自治区

닝샤회족자치구
宁夏回族自治区

네이멍구자치구
内蒙古自治区

지린성
吉林省

랴오닝성
辽宁省

헤이룽장성
黑龙江省

허베이성
河北省

산시성
山西省

산둥성
山东省

산시성
陕西省

허난성
河南省

안후이성
安徽省

장쑤성
江苏省

쓰촨성
四川省

후베이성
湖北省

저장성
浙江省

후난성
湖南省

장시성
江西省

구이저우성
贵州省

광시장족자치구
广西壮族自治区

광둥성
广东省

푸젠성
福建省

타이완성
台湾省

윈난성
云南省

홍콩특별행정구
마카오특별행정구

하이난성
海南省

그림 5 중화인민공화국의 행정구역

02 수도 베이징

중국의 행정 구역은 성급(省), 시급(市), 현급(縣), 향급(鄕) 4계층이다. 구체적으로 산시성(陝西省), 광둥성(廣東省) 등 23개 성(省), 베이징, 톈진(天津), 충칭(重慶), 상하이(上海) 등 4개 직할시(直轄市), 네이멍구자치구 등 5개 자치구가 있다. 홍콩, 마카오는 특별행정구다.

2020년 기준으로 10,000,000명 이상인 도시는 상하이(27,795,702명), 베이징(21,893,095명), 광저우(16,492,590명), 충칭(16,382,000명) 선전(14,678,000명), 톈진(13,866,009명), 청두(11,241,000명), 우한(10,892,900명) 등이다. 2017년 기준으로 1,000,000명이 넘는 도시는 102개다. 2022년 기준으로 중국의 도시화율은 64.7%다. 여기에서는 베이징, 상하이, 광저우, 충칭, 선전, 톈진, 난징, 칭다오, 웨이하이, 연변, 홍콩, 마카오를 고찰하기로 한다.그림 5

베이징(北京, 병음 Beijing, 영어 Peking)은 중화인민공화국의 수도로 직할시다. 2020년 기준으로 16,410.5㎢ 면적에 21,893,095명이 거주한다. 베이징 대도시권 인구는 22,366,547명이다. 베이징은 '북쪽 수도'를 의미한다. 1403년 명나라 때 '남부 수도'란 뜻인 난징(南京)과 구별하기 위해 썼다. 영어 Peking은 1655년 암스테르담에서 출판된 지도책에서 사용됐다. 베이징에는 175개 외국 대사관, 아시아인프라투자은행(AIIB), 상하이협력기구(SCO), 중국과학원, 중국한림원, 중국사회과학원, 중앙미술학원, 중앙희극학원,

그림 6 **중국 베이징 중심업무지구(CBD)**

중앙음악학원, 중국적십자회 등이 있다. 베이징 서우두 국제공항과 베이징 다싱 국제공항이 있다. 2008년 하계 올림픽, 하계 장애인올림픽, 2022년 하계 및 동계 올림픽, 하계 및 동계 패럴림픽을 개최했다.

베이징은 글로벌 도시다. 베이징 동쪽 조양구에 있는 중심업무지구는 3.99㎢ 면적이다. 금융, 미디어, 비즈니스 기관이 입지했다. 3차 순환 도로와 4차 순환 도로 사이에 있다. 차이나 준, 중국 세계 무역 센터 타워 III, 베이징 인타이 센터, 베이징 TV 센터, 포춘 플라자, 중국 중앙 텔레비전(CCTV) 본부, 징광 센터, 중국 세계 무역 센터, SK타워 베이징 등 300여 개의 빌딩이 있다.그림 6

그림 7 **중국 베이징 CBD에 있는 중국 중앙 텔레비전 본부**

중국 중앙 텔레비전(CCTV) 본부는 한 쌍의 결합된 타워로 구성된 고층빌 딩이다. 2012년 네덜란드 건축가 렘 쿨 하스 등이 234m 높이의 51층 건물 로 지었다. 행정실, 뉴스실, 방송실, 프로그램 제작실, 스튜디오 등이 건물 안에 있다. 본관은 473,000㎡의 바닥 공간을 덮는 6개의 수평 및 수직 섹션 으로 짜여진 루프로 구성됐다. 중앙이 개방된 건물 외관은 불규칙한 격자 모양이다. 외관은 미끄러운 상징성을 표현했다. 건물은 지진에 대비한 하이 브리드 건축물이다. 「큰 바지」란 별명을 갖고 있다.그림 7

자금성(紫禁城)은 베이징 중심에 있다. 명 왕조와 청 왕조 시대의 궁궐이다. 1925년 고궁 박물원(故宮博物院)으로 용도가 변경됐다. 약하여 고궁이라 한다. 1406-1420년 기간에 지었다. 1406년 베이징으로 천도한 명나라 영락제가 건설했다. 명·청 시대(1420-1912) 24명의 황제가 살았다. 1987년 유네스코 세계유산에 등재됐다. 자금성 명칭은 1576년 공식화됐다. 자금성의 자(紫)는 보라색/자주색으로 북극성을 뜻한다. 신성함을 부여받은 황제와 그의 가족의 영역이란 의미다. 금(禁)은 금지되었다는 뜻이다. 황제의 허락 없이는 궁의 출입을 금한다는 의미다. 성(城)은 도시를 뜻한다.

자금성은 직사각형 구조다. 동서 753m, 남북 961m, 980개 건물, 8886개 방, 넓이 720,000㎡다. 자금성은 성벽과 해자로 둘러싸여 있다. 벽은 높이 11m, 사방길 4km다. 해자는 너비 52m, 깊이 6m다. 동서남북으로 4개의 다리가 있다. 궁궐에는 네 개의 정문이 있다. 동서남북에 각각 동화문(東華門), 서화문(西華門), 오문(午門), 신무문(神武門)을 세웠다. 1420년에 세운 오문은 황제가 사용하는 문이다. 자금성 축은 천안문 광장과 베이징 외성의 정문으로 연결된다.그림 8

자금성은 두 영역으로 나뉜다. 남쪽 외성과 북쪽 내성이다. 외성은 공식적인 의례가 거행되는 지역이다. 내성은 황제의 사생활 공간이다. 외성 궁전들은 가운데 축을 따라 배열되어 있다. 외성에 있는 태화전(太和殿)은 자금성의 정전이다. 높이 8.13m의 3층 백색 대리석 기단 위에 세워졌다. 태화전의 총 높이는 35.05m다. 명나라 때 봉천전(奉天殿)으로, 1562년에 황극전(皇極殿)으로 불렸다. 1645년 청나라 시대 태화전으로 개칭됐다. 면적 2,368㎡, 폭 66m, 정면 11칸, 측면 5칸의 건물이다. 태화전 천장에 여의주를 물고 있는 황금 용이 조각되어 있다. 총 72개의 남목 기둥으로 지탱된다. 황제의 옥좌와 가까운 6개의 기둥은 금으로 덧씌워져 있다. 명나라 때는 황제가 이곳에서 대신들과 국사를 의논했다. 청나라 시대에는 황제의 즉위식, 결혼식, 책봉식 등의 국가 중요 행사가 열렸다.그림 9

그림 8 **중국 베이징의 자금성**

그림 9 **중국 베이징 자금성의 태화전**

그림 10 **중국 베이징 천안문**

천안문(天安門)은 황성의 남문이다. 황성은 내성안에 있다. 황성안에 자금성이 있다. 명·청 시대 자금성의 정문은 천안문이었다. 현재 자금성의 정문은 아래쪽 오문(午門)으로 바뀌었다. 1417년 건설한 후 1651년 재건됐다. 재건하면서 문의 명칭이 천안문(톈안먼)으로 개칭됐다. 천안(天安)이란 단어는 「受命于天, 安邦治民」에서 따왔다. '하늘에서 명을 받아 편안하게 백성을 다스린다.'는 뜻이다. 1969년에 전면적으로 해체해서 수리했다. 왕조시대에 새로운 법률을 반포하거나 군대가 황제를 알현하는 장소로 사용됐다.

그림 11 **중국 베이징의 황실 정원 이화원**

1949년 10월 1일 중화인민공화국의 성립이 천안문 문루에서 선포됐다. 천안문에 마오쩌둥의 대형 초상화가 걸려있다.그림 10

　이화원(頤和園)은 베이징 서북부 하이뎬에 위치한 황실 정원 궁전이다. 60m 높이의 만수산(萬壽山)과 쿤밍호(昆明湖)로 구성됐다. 이화원 총면적은 2.9㎢, 쿤밍호는 2.2㎢다. 궁, 정원, 고전적인 건축물이 있다. 만수산의 원이름은 옹산(瓮山)으로 작은 언덕이었다. 옹산 앞에 옥천산에서 흘러내려 물이 고여 호수를 이루었다. 이를 서호(西湖)라 했다. 금나라 때인 1153년 이곳 산기슭에 행궁을 짓기 시작했다. 원나라 시절인 1262년과 1290년 두 차례에 걸쳐 서호를 준설 확대했다. 서호에서 파낸 흙은 옹산에 쌓아 원래보다 크게 높아졌다. 청나라 때인 1751년 옹산이 만수산으로, 서호가 쿤밍호로 개칭됐다. 1764년 정원을 조성해 청의원(淸漪園)으로 명명했다. 1860년 아편

그림 12 **중국의 만리장성 진샨링**

전쟁 때 약탈 당했다. 1888년 재건하고 이화원으로 개칭했다. 1900년 의화단운동 당시 공격당했으나 1902년 재건했다. 전산(前山), 후산(後山), 동제(東堤), 남호도(南湖島), 서제(西堤)에 문, 전각, 누각, 탑, 다리 등 건축물이 세워져 있다. 1998년 유네스코 세계문화유산으로 등재됐다.그림 11

만리장성(萬里長城)은 고대 중국의 농업문명과 유목문명의 충돌과 교류를 반영하는 성곽이다. 줄여서 장성(長城)이라 한다. 영어로 Great Wall of China로 표기한다. 장성의 유적은 동쪽 허베이성(河北省) 산해관(山海關)부터 서족 간쑤성(甘肅省) 가욕관까지 이어진다. 총길이는 21,196.18km다. 장성은 성벽, 말길, 망루, 대피소, 요새, 통로 등으로 구성됐다. 처음에는 토성(土

城)으로 쌓다가 나중에는 벽돌로 축성했다. 건설 목적은 ① 방어 ② 국경 통제 ③ 실크로드 통과 상품에 대한 관세 부과 ④ 무역 규제/장려 ⑤ 이민 통제 등으로 정리된다. 장성은 BC 7세기부터 지었다. 진시황(BC 220-BC 206)이 서쪽으로 장성을 연장했다. 북방 유목민 흉노족의 침입을 대비하기 위해서다. 한 시대에 우웨이(武威)와 주취안(酒泉) 장성을, 수 양제 때 오르도스 남단에 장성을 쌓았다. 금 시대에 타타르족을 막으려고 싱안링 산맥에 장성을 건축했다. 명나라(1368-1644) 때 산해관을 설치하고, 2중 장성을 쌓아 개축했다. 명나라 장성 진샨링(金山岭)은 가파르다. 길이 11km, 높이 5-8m다. 바닥 너비는 5-6m다. 해발 980m에 왕징루(望京樓)가 있다. 왕징루는 진산령 67개 망루 중 하나다. 진산령 남동쪽에서 북서쪽으로 2.25km는 높고 험준한 산을 따라 구불구불한 무티엔위 장성이 있다. 서쪽은 거용관, 동쪽은 고북구와 연결된다.그림 12 베이징에서 80km 떨어진 곳에 팔달령(八達嶺) 장성이 있다. 만리장성은 1987년 유네스코 세계문화유산에 등재됐다.

03 지역 중심 도시

상하이

상하이(上海, 영어 Shanghai)는 직할시다. 2020년 기준으로 6,341㎢ 면적에 27,795,702명이 거주한다. 상하이 대도시권 인구는 40,000,000명이다. 上海는 '바다 위, upon sea'를 뜻한다. 11세기 송나라 때 처음 쓰였다. 강이 합류하는 마을 이름이었다. '동양의 진주', '동양의 파리' 등의 별명을 갖고 있다.

상하이는 바다로 이어지는 장강 입구에 위치했다. 장강 삼각주 충적평야의 중심이다. 평균 해발 고도는 4m다. 항저우 만에 있는 다진산(大金山)은 고도 103m다.

상하이는 어촌 시장 마을에서 출발했다. 746년 칭릉쿤으로, 751년 화팅 현으로, 1292년 상하이 현으로 변천됐다. 1927년 지방자치단체가 됐다. 아편전쟁이 끝난 1843년 상하이는 중국의 5개 대외 무역항 중 하나로 개항됐다. 영국, 미국, 프랑스가 상하이에 거류지를 형성했다. 1854년 조계지가 조성됐다. 상하이는 항구도시로서 경제·금융·국제 도시로 성장했다. 1912-1936년 사이 상하이 번영 지역은 조계지 중심이었다. 1930년 상하이 시로 개칭했다. 1921년 중국공산당은 제1차 전국대회를 상하이에서 개최했다. 1927년 국민혁명군이 활동했다. 만주사변 후 1932년 중국과 일본의 군사 충돌이 일어났다. 1937년 일본은 상하이 공동 조계의 일정 지역을 점령했다. 1942년 조계시대가 끝났다. 1945년 상하이는 중화민국이 탈환해 관할하게 됐다. 1949년 인민해방군이 상하이를 지배했다. 국민정부, 중국 국민당, 외국기관 등이 상하이를 떠났다. 1949년 상하이는 직할시가 됐다. 1980년대 개혁 개방 이후 상하이는 중국 경제 중심지로 다시 주목받았다. 1993년 푸둥(浦東) 개방으로 상하이 발전은 가속화됐다. 상하이는 경제 중심지로 성장했다. 금융, 비즈니스, 연구, 과학 기술, 제조, 운송, 관광 문화 활동이 활성화됐다. 2022년 기준으로 포춘 글로벌 500대 기업 중 12개 기업이 위치해 있다.

상하이 푸둥과 푸시 연결 도로가 연결됐다. 황푸강과 장강 양안이 발전했다. 쏭푸대교(松浦大橋, 1971), 난푸대교(南浦大橋, 1991), 양푸대교(1993), 수푸대교(1996), 루푸대교(2002)가 차례로 개통됐다. 1993년 상하이 지하철이 개통됐다. 다푸루(打浦路, 1970), 웨장(越江, 1989), 다롄루(大連路, 2003) 터널이 건설됐다. 2001년 APEC 지도자 비공식회의, 2010년 상하이 엑스포가 개최됐다. 상하이는 교통이 편리한 도시였다. 쑨원의 광동정부가 지원하는 곳이었다. 상하이에는 치외법권 지역인 조계가 있었다. 대한민국 독립지사들은 프랑스 조계에 살면서 독립 활동을 펼쳤다. 1919년 상하이에서 대한민국 임시정부가 수립됐다.

푸둥(Pudong)은 상하이 중심부를 흐르는 황푸강 동쪽에 위치했다. 푸둥 명칭은 원도심 푸시 건너편에 있는 황푸(Huangpu) 동쪽 제방을 가리키는 말이다. 중국 외국 조계지였던 푸시의 와이탄을 마주하고 있다. 푸둥은 1958년 푸둥현으로 설립됐다. 1961년까지 황푸, 양푸, 난시, 우송, 추안사 현으

그림 13 중국 상하이 푸둥 지구

그림 14 중국 상하이 푸둥 지구의 야간 경관

로 분할됐다. 1992년 푸둥현과 촨사현이 합병되어 푸둥신구가 설립됐다. 1993년 추안샤(Chuansha)에 경제특구를 설립하고 푸둥신구를 조성했다. 푸둥의 서쪽 끝은 루자쭈이 금융 무역 지역으로 지정되어 현대 중국의 금융 허브가 됐다. 2009년 난후이현과 푸둥을 합병했다. 2010년 푸둥은 상하이 엑스포를 개최했다. 엑스포 개최지는 공공 공원으로 변모했다. 오늘날 푸둥 신지구는 푸둥현, 촨사현, 난후이현으로 구성됐다.그림 13, 14

푸둥에는 루자쭈이 금융지구, 상하이 증권거래서(1990), 동방명주탑(Oriental Pearl Tower, 468m, 1994), 진마오 빌딩((420.5m, 1999), 상하이 국제회의센터(1999), 상하이 세계금융센터(494.3m, 2008), 상하이 타워(632m, 2014) 등이 세워져 있다. 푸둥신지구에는 상하이 항, 상하이 엑스포 및 세기 공원, 장장 하이테크 파크, 상하이 푸둥 국제공항, 지우두안사 습지 자연 보호 구역, 난후이 신도시, 상하이 디즈니 리조트가 입지했다.

푸둥 루자쭈이 지구가 상하이의 현재와 미래라면, 황푸강 건너 맞은편 와이탄은 상하이의 과거다. 와이탄(外灘, Bund)은 상하이 역사지구다. '외부 해변'이란 뜻이다. Bund는 힌두어의 '제방'이라는 말에서 유래했다. 1860년대부터 1930년대까지 상하이 외국 기업 중심지였다. 법적으로 보호되는 조약 항구로 운영됐다. 구 상하이 국제 정착지 내 중산로를 중심으로 황푸구 동부의 황푸강 서쪽 기슭에 1.7km 걸쳐 펼쳐져 있다. 황푸공원(黃浦公園, 1868)과 이어진다. 외국의 은행과 무역 회사가 입지해 있었다. 유럽풍의 건물이 많다. 고딕, 바로크, 신고전주의, 로마네스크, 아르데코, 르네상스 양식 건물이 세워져 있다. 예전의 러시아와 영국 영사관, 상하이 세관, HSBC 빌딩 등이 있다. 상하이 세관 강해관(江海关大楼)은 1927년에 건축된 7층짜리 건축물이다. 오늘날도 세관으로 사용되고 있다. HSBC빌딩은 1923년에 세

그림 15 **중국 상하이 와이탄**

그림 16 **중국 상하이 와이탄의 HSBC 빌딩과 세관**

워진 6층짜리 신고전주의 건물이다. 1923-1955년까지 홍콩 상하이 은행 상하이 지점으로 사용됐다. 오늘날 상하이 푸둥 개발(SPD) 은행으로 사용된다.그림 15, 16

광저우

광저우(廣州, 영어 Guangzhou)는 광둥성의 성도로 부성급시다. 화남지방의 행정 중심지다. 2020년 기준으로 7,434.4㎢ 면적에 16,492,590명이 거주한다. '양성(羊城), 화성(花城), 수성(穗城)'등의 별칭으로 불린다. BC 214년 진시황이 이곳에 남해군 번우현(番禺縣)을 설치했다. 당 시대 이슬람교도와 유대인이 상거래를 위해 이곳에 들어왔다. 중국 남해무역의 중심지로 발전했다. 오대 심육국 시대 광저우는 남한(南漢) 왕국의 수도가 됐다. 명 시대 광저우는 남해제국의 조공선 입항지였다. 청 시대 광주만을 개방해 구미제국과 광동무역을 진행했다. 1841년 아편전쟁 때 영국군이 진주했다. 1911년 쑨원이 광저우봉기로 신해혁명을 일으켰다. 1921년 중화민국 대통령이 된 쑨원은 광저우를 중화민국의 임시수도로 정했다. 1924년 황푸군관학교를 세웠다. 장제스, 저우언라이, 마오쩌둥 등이 활동했다. 1925년 쑨원이 사망했다. 국민당은 공산당과 갈라섰다. 1928년 장제스는 수도를 난징으로 옮겼다. 광저우는 중국의 대외무역항 역할을 했다. 덩샤오핑이 대외경제개방정책 이후 광저우는 선전, 주하이 등의 경제특구와 함께 경제적으로 발전했다. 광저우의 중심상업지구로 텐허구에 주장 신도시(Zhujiang New Town)를 건설했다. 북쪽은 황푸 대로, 남쪽은 주강, 서쪽은 광저우 대로, 동쪽은 남중국 고속도로

그림 17 중국 광저우 주장 신도시

와 경계를 이룬다. 면적 6.44㎢다. 동쪽 구역에는 고급 주거용 아파트와 중앙 주장 공원이 있다. 뉴욕 센트럴 파크를 모델로 했다. 서쪽 구역에는 21세기 스타일의 CBD로 계획됐다. 핵심 지역은 황푸 대로에서 주강에 이르는 1.5km의 개방형 광장이다. 광장에는 지하 쇼핑몰, 차량 터널, 인력 이동 시스템이 통합되어 있다. 남쪽 끝에는 광저우 오페라 하우스, 제2 어린이 궁전, 새로운 광저우 도서관, 광동 박물관 등의 문화 공간이 있다. 북쪽에는 초고층 트윈 타워가 있다. 강 건너편에는 캔톤 타워가 있다.그림 17

그림 18 **중국 충칭**

충칭

충칭(重慶, 영어 Chongqing)은 중국 서부의 직할시다. 2020년 기준으로 82,403㎢ 면적에 16,382,000명이 거주한다. 충칭 중심도시와 주변 농촌지역을 포함한 인구는 32,054,159명이다. 충칭 중심도시 인구는 5,000,000명 이상이다. 2010년의 경우 26개구, 8개현, 4개자치현을 포함한 직할시였다.

BC 316년 진나라 때 파군(巴郡)이 설치됐다. 한나라 때 익주(益州)에 속했다. 삼국시대 유비의 촉나라에 속했다. 위진남북조시대 형주, 익주, 파주, 초주 등으로 불렸다. 581년 수나라 때 유주(渝州)로, 1102년 송나라 때 공주

(恭州)로 바뀌었다. 1189년 남송때 충칭(重慶)이라 개칭했다. 1362년 명나라 때 농민 반란이 일어나 하(夏) 나라를 세웠다. 1372년 반란이 진압된 후 지도 자 명승(明昇)은 고려로 유배되어 서촉 명씨의 시조가 됐다. 충칭은 명·청대 에 물류의 집산지로 번성했다. 1895년 청일전쟁 후 충칭, 쑤저우, 항저우, 사스가 개항했다. 1929년 직할시가 됐다. 중일전쟁 기간인 1938-1945년 동 안 중국 국민당 정부의 임시 수도였다. 전쟁 동안 공장과 교육 기관이 충칭 으로 옮겨왔다. 충칭은 내륙 개항장에서 중공업 도시로 탈바꿈했다. 1940 년 8월부터 대한민국 임시정부와 광복군이 머물렀다. 1997년 쓰촨성에서 분리된 후, 인접한 푸링, 완셴, 첸장을 편입시켰다. 충칭, 뤄양, 시안, 청두 는 중국 서부 개발의 교두보로 발전했다. 쓰촨지역의 주요 도시로 양쯔강 경제 벨트의 연결고리로 성장했다. 충칭 장베이 국제공항, 충칭 모노레일 시스템, 장안 자동차 본사, 외국 영사관, 충칭대학교, 남서대학교, 충칭 우 편통신대학교, 쓰촨 국제 연구 대학교 등이 있다.그림 18

선전

선전(深圳, 영어 Shenzhen)은 광둥성의 부성급시다. 深圳(심천)이라는 이름은 이 곳에 있었던 깊은 배수구에서 유래했다. 2020년 기준으로 1,986㎢ 면적에 17,560,000명이 산다. 홍콩 접경지에 있는 경제 특별구다. 331년 이곳에 바 오안현이 설치됐다. 1573년 화남 지구의 정치 중심지가 됐다. 1953년 광선 철로가 개통되면서 상공업이 발전했다. 이곳은 구룽-광둥 철도 구간의 종 착역이었다. 1979년 바오안현이 선전시로 승격됐다. 1980년 개혁개방 정 책의 덩샤오핑이 선전경제특구로 지정했다. 홍콩과의 인접성이 고려됐다.

그림 19 **중국 선전**

1981년 부성급시로 승격됐다. 1988년 성급으로 인정받았다. 오늘날 선전
은 기술, 연구, 제조, 비즈니스, 경제, 금융, 관광, 운송 분야의 글로벌 중심
지다. 화웨이, 티피링크, 텐센트 등의 IT기업 본사가 있다. 중국의 실리콘
벨리로 불린다. 기업가적, 혁신적, 경쟁 기반 문화가 조성되어 있다. 소규모
제조업체와 소프트웨어 회사들이 많다. 선전대학교, 남부 과학기술대학교,
선전기술대학교 등이 있다. 중국 하이테크 박람회가 개최된다.그림 19

그림 20 **중국 텐진**

텐진

텐진(天津, 영어 Tianjin)은 직할시다. 2020년 기준으로 11,946㎢ 면적에 13,855,009명이 산다. 하이허강 하구, 보하이만 연안에 있다. 동쪽은 황해와, 서쪽, 남쪽, 북쪽은 허베이성과 접한다. 북서쪽의 베이징과는 142.6㎞ 떨어져 있다. 텐진은 보하이 만에 흘러드는 여러 강에 의해 육지가 침강해 바닷물에 잠겼으나 다시 육지화됐다. 수나라 대운하 개통부터 상업중심지로 발달했다. 이곳은 직고(直沽)로 불리다가 1404년 텐진(天津)으로 개명됐다. '하늘의 나루'라는 뜻이다. 하늘의 아들이 이곳으로 들어왔다고 해서 붙여졌다. 텐진은 베이징의 항구가 되어 여러 무역상들이 드나들었다. 청나라 때 텐진위(天津衛)성채가 설립되어 군사거점이 됐다. 1725년 현으로, 1731년 텐진부로 바뀌었다. 1858년 두 번째 아편전쟁으로 텐진조약이 이루어져 1860년 개항됐다. 1927년 자치제로 설립됐다. 1937-1945년 기간 일본에게 점령됐다. 1976년 탕산 지진으로 사상자가 발생했다. 1970년대 후반이후 개혁개방으로 텐진은 급속히 발전했다. 텐진에는 석유화학, 섬유, 자동차, 기계, 금속 산업이 활성화되어 있다. 에어버스 여객기 조립 공장, 슈퍼컴퓨터 텐허 1 기업이 있다. 텐진경제기술개발구역, 텐진수출가공구역, 텐진공항경제구역, 텐진항보세구역, 텐진난강공업구역 등이 있다.그림 20

난징

난징(南京, 영어 Nanjing, 유럽 언어 Nanking)은 한, 송, 명 나라 등 한족들의 중심 도시다. '남쪽의 수도'를 뜻한다. 육조고도(六朝古都) 혹은 십조도회(十朝都會)로도 불린다. 2020년 기준으로 6,587㎢ 면적에 9,314,685명이 거주한다. 난징 대도시권 인구는 9,648,136명이다. 베이징, 난징, 장안, 시안은 중국 내륙의 중심도시다. 양쯔강 삼각주 지역에 있다. 양쯔강이 도시의 서쪽에 흐른다. 난징 산지가 도시의 북쪽, 남쪽, 동쪽을 둘러싸고 있다.

　이곳의 명칭은 건업(建業), 건강(建康)이었다. 건강이란 지명은 송(宋), 원(元) 시대와 한족 국가 진(晉)·송(宋)·양(梁)·진(陳) 때도 쓰였다. 한족의 수도였다. 원나라 몽골인이 남중국(南中國) 한족의 수도 난징을 정복했다. 원나라는 이곳을 집경(集慶)으로 불렀다. 1356년 주원장이 명나라를 건국하면서 몽골인은 물러갔다. 도시명이 응천부(應天府)로 바뀌었다. 주원장은 응천부 도시명

그림 21 **중국 난징**

을 남경(南京)으로 고쳤다. 1378년 정식으로 남경이 수도가 되면서 경사(京師)로 이름이 변경됐다. 1421년 영락제가 수도를 북경(北京)으로 정했다. 이곳 명칭은 다시 남경(南京)으로 바뀌었다. 청나라 말기에 태평 천국(1850-1864)의 지도자 홍수전은 이곳을 천경(天京)으로 부르고 수도로 삼았다. 하나님이 정한 '하늘의 수도'라는 뜻이다. 인류 평등과 사회 개혁을 구현하는 도시로 설정했다. 1911년 신해혁명의 쑨원이 중화민국을 세우면서 난징을 수도로 정했다. 1919년 5월 4일 대규모 반일 시위 5·4운동이 베이징에서 일어났고 난징이 동참했다. 1937년 난징 대학살(南京大屠殺, Nanjing Massacre, 1937.12-1938.2)이 일어났다. 일본군에 의해 중국인 300,000명이 사망했다. 1940년 중화민국 국민정부가 충칭으로 후퇴했다가 일본 패망 후 다시 난징을 수복했다. 1949년 중화인민공화국이 건국되면서 난징직할시가 됐다. 덩사오핑이 등

장한 이후 발전하여 1994년 난징부성급시로 승격됐다.그림 21

난징은 지리적 위치가 좋고 교통이 편리했다. 방직과 조폐 산업 중심지로 성장했다. 명나라 때 번영했다. 방직, 조폐, 인쇄, 조선 산업이 발달했다. 20세기 전반부에 난징은 소비도시로 변모됐다. 백화점, 식품, 오락 산업이 들어섰다. 1950년대 전기, 기계, 화학, 철강 공장과 회사가 세워져 동아시아 중공업 생산 기지로 변화했다. 1960년대 전자, 자동차, 석유화학, 철강, 전력 산업이 활성화됐다. 진청 자동차, 버스제조기업 스카이웰 등이 입지해 있다. 마이크로소프트, IBM, 애플, 폭스바겐, 이베코, 샤프 등 다국적 기업 지부가 들어와 있다. 가오신, 신강, 화궁, 장닝의 4개 공업 단지를 건설했다. 난징은 경제, 상업, 공업 도시로 성장했다.

칭다오

칭다오(青島, 영어 Qingdao)는 산둥반도 남부 해안에 위치했다. 2020년 기준으로 11,228.4㎢ 면적에 5,764,384명이 산다. 자오저우만 대교는 자오저우만 해역을 가로지르며 칭다오와 황다오를 연결한다.그림 22

칭다오는 교오(胶澳)로 불렸던 어촌이었다. 1891년 청 제국은 해양 방어 요새를 세웠다. 1897년 독일 선교사가 이곳에서 순교했다. 독일군이 요새를 점령했다. 독일은 칭타오를 할양받았다. 1898-1914년 기간 조계지를 운영했다. 독일은 넓은 거리, 견고한 주택, 정부 건물, 전기, 상수도, 하수도 등 도시하부구조를 구축했다. 1903년 독일 맥주(Germania Brewery)가 설립됐다. 칭다오 맥주(Tsingtao Brewery)로 발전했다. 1899-1904년에 철도를 건설했

그림 22 **중국 칭다오**

다. 1912년 쑨원이 칭다오를 방문해 '칭다오는 중국 미래의 진정한 모델이다.'라고 말했다. 1914년 일본이 진주했다. 1922년 중국이 다시 통치했다. 1922-1938년에 해변 빌라지구, 은행지구를 건설해 칭다오는 해변 휴양도시로 발전했다. 중일전쟁 후 1938년 일본이 칭다오를 다시 점령했다. 1945년 일본이 항복하면서 중국으로 돌아왔다. 1945년 미해군 서태평양 함대 사령부가 존속하다가 1948년 필리핀으로 옮겼다. 현재는 중국 해군 북부 함대의 본부가 있다. 1984년 이래 칭다오는 초현대적인 항구 도시로 발전했다. 하이얼(Haier), 하이센스(Hisense) 등 다국적 전자회사의 본거지다. 북부 칭다오의 스베이, 리창, 청양 지역은 제조업 중심지다. 도시 중심 외곽에는 화학, 고무, 중공업, 첨단 기술 지역으로 성장하고 있다.

웨이하이

　웨이하이(威海, 영어 Weihai)는 산둥성에 있는 현급 도시로 항구다. 웨이하이웨이(威海衛)로 불렸다. '마이티 바다 요새'라는 뜻이다. 동쪽으로 황해와 접해 있다. 대한민국 연평도에서 174km 떨어져 있다. 2020년 기준으로 5,956 ㎢ 면적에 2,906,548명이 거주한다. 동이족이 거주했던 지역이다. BC 567년 제나라 때 중국에 합병됐다. 1403년에 둘레 3.2km의 해안 요새가 세워졌다. 청나라 때 북양함대 기지였다. 1898-1930년 기간 영국이 임대해 관리했다. 1945년 산둥성에 편입됐다. 1949년 웨이하이웨이 시로 설립됐다. 이름이 웨이하이로 축약됐다. 웨이하이 적산(赤山) 기슭에 적산법화원(赤山法華院)이 있다. 『입당구법순례행기(入唐求法巡禮行記)』는 승려 엔닌이 저술한 일기

그림 23 **중국 웨이하이와 장보고 동상**

다. 일본 규슈(九州) 하카타를 떠나 당나라에 9년(838-847) 동안 머무르고 일본으로 돌아오기까지의 행적을 기록했다. 그는 신라인 장보고의 배려에 고마움을 표하는 글을 남겼다. 그의 일기에서 적산법화원은 장보고가 처음으로 세운 것이라고 소개했다. 신라인 장보고가 『법화경(法華經)』을 읽었다는 기록이 있다. 엔닌대사는 장보고가 건립한 법화원(法華院)의 행사, 모습, 규모 등을 기행문으로 상세히 담았다. 1988년 중국 정부는 적산법화원의 복원공사를 시작해 1990년 개관했다. 1994년 7월 25일 대한민국 김영삼 대통령이 「張保皐紀念塔」이라는 친필을 남겼다. 법화원에는 해상왕 장보고의 기념관이 있다. 높이 8m의 장보고 동상이 세워져 있다.그림 23

연변

연변의 공식명칭은 연변 조선족 자치주(延邊朝鮮族自治州, Yanbian Korean Autonomous Prefecture)다. 중국어로 옌볜이라 한다. 2010년 기준으로 43,509㎢ 면적에 2,271,600명이 거주한다. 2010년 민족 구성은 한족 64.55%, 조선족 32.45%, 만주족 2.52% 등이다. 중국 최대의 조선족 거주 지역이다. 공식 언어는 표준 중국어와 한국어다. 연변 남서쪽 끝에 백두산이 있다. 하이란장강(海兰江)과 가야허강(嘎呀河)이 남쪽으로 흘러 두만강에 합류한다. 이 곳은 고대에 부여, 북옥저, 고구려, 발해 영역이었다. 발해는 돈화시(敦化市)에 있던 동모산(東牟山)에서 출발했다. 발해 유적은 1949년에 발굴된 정혜공주묘, 1980년 용두산에서 발견된 정효공주묘가 있다. 19세기 중반부터 조선 함경도 사람들이 이주해 왔다. 연변 조선인은 1881년 10,000명, 1916년 200,000명이

그림 24 **중국 연변 연길시(延吉市)**

었다. 1930년 연길시, 허룽시, 훈춘시, 왕칭현 등의 조선인은 390,000명이었다. 해당 지역 총인구의 76.4%였다. 1952년 조선민족자치구가 설치됐다. 조선족 자치주가 성립된 9월 3일은 공휴일로 지정됐다. 매년 「9.3절」 행사를 개최한다. 1952-2002년까지 연변조선족자치주의 도시화율은 55.6%였다. 연길시(延吉市, 중국어 옌지)는 연변 조선족 자치주의 주도다. 주정부가 위치하고 있는 현급시다. 2007년 기준으로 1,332㎢ 면적에 440,000명이 산다. 1902년 연길청, 1909년 연길부(府), 1912년 연길현, 1945년 시가 됐다. 백두산 관광 산업이 활발하다. 호텔, 백화점 등 서비스 산업이 이뤄진다. 한국어로 된 상점 간판이 많다. 한국어로 나오는 텔레비전, 라디오 방송국이 있다. 연변은 '미니 한국'이라는 별명을 갖고 있다.그림 24

그림 25 **중국 홍콩**

홍콩

홍콩(香港, 영어 Hong Kong)의 공식명칭은 중화인민공화국 홍콩특별행정구다. 2023년 추정으로 2,754.97㎢ 면적에 7,498,100명이 거주한다. 홍콩은 '향기로운 항구, 향 항구'란 뜻이다.

　1513년 포르투갈 탐험가가 이곳에 도착했다. 1557년 포르투갈은 마카오 영구 임대권을 얻었다. 1661-1683년까지 무역이 금지되다가 1684년 재개됐다. 1757년 다시 제한됐다. 영국은 무역 불균형을 줄이려고 중국에 아편을 팔았다. 1839년 아편 근절 조치가 취해졌다. 제1차 아편전쟁(Opium War, 1839-1842)이 촉발됐다. 1842년 영국은 홍콩 섬을 양도받았다. 제2차 아편 전쟁(1856-1860)으로 영국은 구룡반도와 스톤커티스섬을 할양받았다. 1898년 영국이 신계지에 대한 99년 임대권을 획득했다. 1911년 홍콩대학교가 설립됐다. 1924년 카이탁 공항이 개항했다. 1937년 중일전쟁 시 자유항 지위를 보호하려고 홍콩을 중립지대로 선언했다. 1941-1945년간 일본이 점령했다. 2차 세계대전 후 빠르게 산업화가 진행됐다. 1990년대 홍콩은 글로벌 금융 중심지, 해운 허브로 성장했다. 1997년 영국은 해외영토를 반환하기로 합의했다. 중국은 반환 후 50년 동안 홍콩의 경제 정치 체제를 보장하기로 합의했다. 1997년 이전에 600,000명이 홍콩을 떠났다. 홍콩은 156년간의 영국 통치 이후 1997년 7월 1일 중국에 반환됐다. 1997년 전체 영토가 영국에서 중국으로 이관됐다. 홍콩은 「1국 2체제」 원칙으로 중국 본토와 다른 특별행정지역을 유지하고 있다.그림 25

   홍콩의 공식언어는 중국어와 영어다. 2021년 기준으로 홍콩의 인종 구성은 중국인 91.6%, 필리핀인 2.7%, 인도네시아인 1.9% 등이다. 2021년 기준으로 산업 부문별 GDP는 농업 0.1%, 산업 6.2%, 서비스업 93.7%다. 2023년 추정으로 1인당 명목 GDP는 51,168달러, 1인당 GDP(PPP)는 72,861달러다.

마카오

마카오의 공식명칭은 중화인민공화국 마카오 특별행정구다. 줄여서 마카오(澳門, 포르투갈어 Macau 마카우, 영어 Macao)라 한다. 2022년 기준으로 115.3㎢ 면적에 672,800명이 산다. 공식 언어는 중국어와 포르투갈어다. 1553년 포르투갈은 젖은 화물을 육지에서 말리고 싶다는 구실로 체류허가를 받았다. 1557년 포르투갈은 매년 500태엘(Tael) 토지 임대료를 내는 조건으로 마카오 거주권을 허가받았다. 포르투갈은 정착할 당시 현지인에게 지명을 물었

그림 26 **중국 마카오**

다. 현지인은 도교 사원「마쭈거(媽祖閣)」를 묻는 것으로 착각하여「마쭈거」
라고 알려주었다. 이를 지명으로 잘못 알아들어「마카오」라는 지명이 됐
다. 마카오는 중개 무역과 기독교 포교기지로 발전했다. 1887년 청-포르투
갈 조약에 따라 마카오는 포르투갈령이 됐다. 영국이 홍콩을 해외영토로 경
영하면서 마카오 무역항은 주춤했다. 1987년 중화인민공화국에 마카오를
이양하는 협정이 이뤄졌다. 1993년『마카오 특별행정구 기본법』이 채택됐
다. 1999년 마카오는 중국에 이양되었다. 마카오는 2049년까지 현재의 자
본주의 체제 지속이 약정되어 있다. 일국양제를 정한 기본법에 기반한 결정
이다. 마카오의 경제는 제조업, 금융 서비스, 건설/부동산, 게임, 관광 산업

이 활성화 됐다. 카지노는 1962년 합법화됐다. 게임 산업은 정부 허가 아래 운영되다가 2002년 종료됐다.그림 26

중화인민공화국의 공식 언어는 표준 중국어다. 2023년 기준으로 중국의 명목 GDP는 17조 7010억 달러다. 1인당 명목 GDP는 12,541달러다. 2022년 기준으로 부문별 GDP는 농업 7.3%, 산업 39.9%, 서비스업 52.8%다. 중국의 노벨상 수상자는 5명이다. 중국의 종교는 2021년 기준으로 전통 민속 종교 22%, 불교 18%, 개신교 5.1%, 무슬림 1.8% 등이다. 베이징은 1949년 1월 31일 중화인민공화국의 수도가 됐다. 상하이는 최대도시다. 광저우, 충칭, 선전, 텐진은 10,000,000명 이상의 대도시다. 난징은 한(漢)족들의 중심 도시다. 칭다오, 웨이하이는 해안도시다. 연변은 조선족 자치주다. 홍콩, 마카오는 특별행정구다.

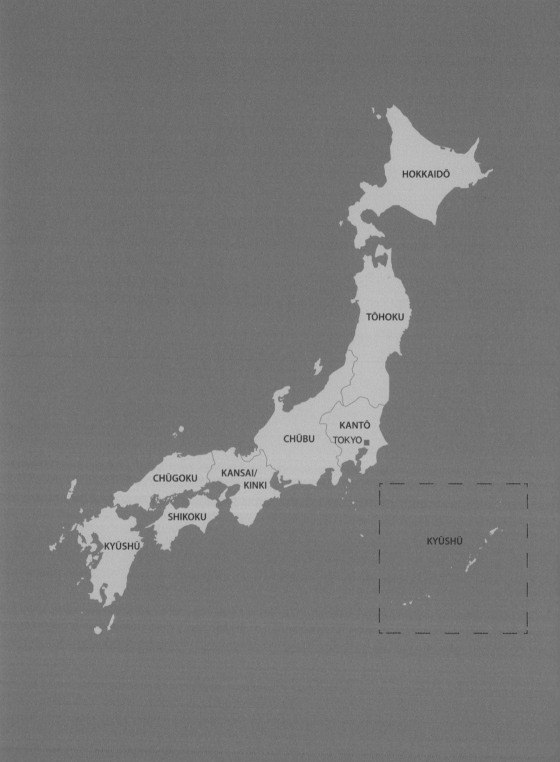

HOKKAIDŌ

TŌHOKU

CHŪBU

KANTŌ
TOKYO ■

CHŪGOKU

KANSAI/
KINKI

SHIKOKU

KYŪSHŪ

KYŪSHŪ

일본국

그림 1 **일본국 국기**

01 일본국 전개과정

일본국(日本國, Nippon-koku, Nihon-koku)은 동아시아의 섬나라다. 2020년 기준으로 377,975㎢ 면적에 126,226,568명이 거주한다. 수도는 도쿄다.

일본의 국호는 일본어로 にっぽん(닛폰, Nippon), 또는 にほん(니혼, Nihon)으로 표기한다. 한자로 日本이라 한다. '태양이 떠오르는 땅'이라는 뜻이다. 닛폰은 엔화, 우표, 공공기관 명칭, 체육행사 등 공식 표기에 쓰인다. 니혼은 일상대화에서 사용된다. 일본은 왜(倭), 왜국(倭國), 야마토(大和)로 불렸다. 700-800년 기간에 '해가 떠오르는 나라'의 표현인 일본(日本, Nihon)이 국가의 공식 명칭으로 확립됐다. 영어의 Japan(저팬, 재팬)은 16세기 마르코 폴로가 일본을 Gipangu(지팡구)라 소개하면서 비롯됐다. 고대중국어 우어(吳語)에서 쓰던 말이다. 1565년 포르투갈어로 Giapan, 1577년 영어로 Japan이라 표기했다. 일본 우편물 국가기호는 JP다.

일본의 국기는 공식적으로 일장기(日章旗, 닛쇼키)라 한다. '태양의 깃발'이란 뜻이다. 일반적으로 히노마루(日の丸)라 부른다. '태양의 공'이란 의미다. 중앙에 진홍색 원이 있는 직사각형의 흰색 깃발이다. 1868년 일본 제국(1868-1945) 시대 공식 국기로 채택했다. 1870년 일본 상선, 해군이 국기로 사용했다. 1999년 법률로 지정됐다.그림 1

국어인 일본어(にほんご, 니혼고, にっぽんご, 니폰고)는 일본인과 디아스포라가 사용하는 언어다. 약하여 일어(日語)라 한다. 법적 공용어다. 한자(漢字, 칸지), 히라가나(ひらがな), 가타카나의 세 가지 문자 조합으로 사용된다. 히라가나와 가타카나를 가나(仮名)라 한다.「가나」는 한자를 '진짜 글'의 뜻으로 나타낸 마나(真名)와 대비되어 지어졌다. 일본의 글자체계는 중국에서 유래했다. 751년 중국으로부터 한자가 들어오기 전까지 일본에는 쓰기 체계가 없었다. 히라가나와 가타카나는 단순화된 한자에서 개발됐다. 히라가나는 9세기에 등장해 여성이 주로 썼다. 가타카나는 남성이 주로 사용했다. 10세기에 이르러 두 시스템 모두 모든 사람이 공통적으로 사용했다. 일본어 어휘는 중국어에서 유래한 단어 49%, 일본어에서 온 단어 33% ,기타 언어에서 유래한 외래어 18%로 구성됐다. 라틴 알파벳은 회사 이름, 로고, 광고, 일본어를 컴퓨터에 입력할 때 자주 사용된다.

일본인은 にほんじん(니혼진, 日本人)이라 부른다. 일본인은 인구의 97.6%다. 야마토민족(大和民族)으로 설명한다. 야마토시대(250-710)는 일본이란 국명을 사용하지 않은 채 왜(倭)라고 불렸던 시대다. 일본 디아스포라는 닛케이진(日系人)이라 한다. 닛케이진은 브라질 2,000,000명(2022), 미국 1,550,875명(2020), 캐나다 129,425명(2021), 필리핀 120,000명, 페루 103,182명(2021), 중국 102,066명(2022)으로 집계됐다. 1996년 이후 류큐민족(琉球民族), 아이누족(Ainu) 등이 소수민족으로 인정받았다.

일본은 오호츠크해에서 동중국해까지 북동-남서쪽으로 3000km 이상 뻗어 있다. 홋카이도, 혼슈(본토), 시코쿠, 규슈의 본 섬 및 오키나와 등 주변의 작은 부속섬 등 14,125개의 섬으로 구성되어 있다. 해안선은 29,751km다. 멀리 떨어진 섬으로 인해 4,470,000㎢의 배타적 경제수역을 보유하고 있다. 산림이 67%, 농업이 14%다. 산악 지형이 험준하다. 거주가능지역은 해안에 밀집되어 있다. 불의 고리인 환태평양 조산대에 위치해 있다. 지진, 쓰나미, 화산 폭발이 일어난다. 111개의 활화산이 있다. 1923년 도쿄 대지진으로 140,000명 이상이 사망했다. 최북단 홋카이도는 겨울이 길고 춥다. 여름은 따뜻하거나 시원하다. 혼슈는 북서풍으로 겨울에 폭설이 내린다. 태평양 연안은 계절풍으로 눈이 내리는 온화한 겨울과 덥고 습한 여름이 나타난다.

일본 선사시대는 구석기, 조몬, 야요이 시대로 나누어 설명한다. 32,000년 전으로 추정되는 구석기 시대 유적이 오키나와 야마시타 동굴에서 발굴됐다. 수렵 채집 생활이었던 조몬 시대는 BC 13,000-BC 1,000년 기간이다. 조몬(Jōmon)은 '줄로 표시된'이란 뜻이다. 조몬 도자기의 젖은 점토 표면에 코드를 찍어 표시했다. 야요이(Yayoi) 시대는 BC 1,000-BC 800년 사이에 시작됐다. 야요이 기술은 아시아 본토에서 이뤄졌다. 중국과 한반도를 통해 청동과 철제 무기·도구가 들어왔다. 직조와 실크 생산, 목공 방법, 유리 제조 기술, 건축 양식이 도입됐다.

야마토 시대(大和時代, 250-710)는 고분 시대와 아스카 시대를 합해서 논의한다. 고분(古墳, Kofun, 고펀) 시대(250-538)의 유적으로 오사카부 사카이에 거석 모즈고분군(百舌鳥故墳群)이 있다. 무덤 모양은 열쇠 구멍, 원형, 직사각형 등이다. 가장 큰 다이센료 고분(大仙陵故墳)은 열쇠 구멍 모양으로 길이 486m다. 닌토쿠 천황(313-399) 무덤으로 추정했다. 야마토 시대 일본은 한국과 중국에서는 왜(倭)라고 불렸다. 4세기 초에 통일국가가 세워졌다. 긴키내(近畿內)의 야마토를 중심으로 형성됐다. 5세기에 규슈 북부, 시코쿠, 간사이로 확장됐다. 국호를 야마토(大和)로 했다. 오키미(大王)가 다스렸다. 오키미는 일본 천황의 전신이다. 오키미 밑에 귀족계급을 두어 성(姓)을 부여하고 토지

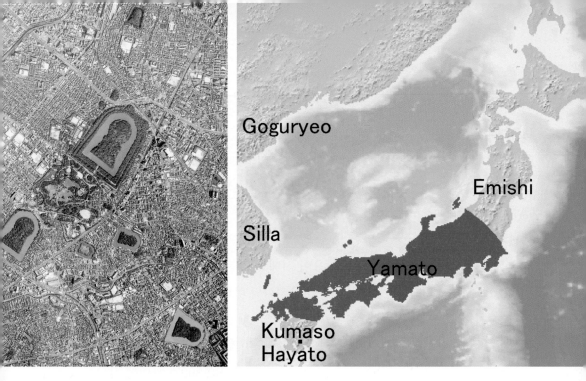

그림 2 **일본 5세기의 모즈 고분군과 7세기의 야마토**

를 분배했다. 아스카시대(538~710)는 538년 백제로부터 불교가 전래되면서 시작됐다. 시대 명칭은 나라현의 아스카(飛鳥)에서 따왔다. 불교는 일본 고유 종교 신도와 공존해 왔다. 700-800년 기간에 '해가 떠오르는 나라'의 표현인 일본(日本, Nihon)이 국가의 공식 명칭으로 확립됐다. 7세기 쇼토쿠 태자는 체제를 혁신했다. 한국과 중국의 제도·문물 등을 받아 들였다. 토지 국유화, 경작지 균등 분배, 과세 제도, 호적 작성을 실시했다. 중앙 집권화를 통해 황실의 권력을 강화했다. 법률 개혁으로 중국식 중앙 정부 시스템인 율령 국가를 구축했다. 불교 예술을 꽃피워 607년 호류지 불교사원을 지었다. 710년 겐메이 천황(元明天皇)이 헤이조쿄로 천도하면서 야마토 시대는 끝났다.그림 2

나라 시대(奈良時代, 710~794)가 열렸다. 710년 헤이조쿄(平城京, 나라현 나라시)에

새 수도를 건설했다. 당나라 수도 장안을 모델로 삼았다. 712년 역사서『고사기 古事記』가 출판됐다. 720년『일본서기 日本書紀』가 간행됐다. 산불, 가뭄, 기근, 천연두(735-737) 등으로 인구가 감소했다. 752년 도다이지(東大寺) 사원 건립을 포함해 불교를 진흥시켰다. 수도를 784년 가오카교(長岡京)로 옮겼다가 794년 헤이안교(교토)로 이전했다.

헤이안 시대(平安時代, 794-1185)가 펼쳐졌다. 헤이안교가 가마쿠라 막부 설립까지 정치 중심였기 때문에 「헤이안 시대」라 한다. 헤이안은 1868년까지 수도로 남았다. 천연두(812-814)로 인구가 격감했다. 858년 이후 정치적 격랑이 거듭되면서 황실 권력이 쇠퇴했다. 수도 밖 지역에서는 정부 영향력이 약화됐다. 토지는 귀족 가문과 종교 단체가 가져갔다. 이들이 소유한 토지를 쇼엔(莊園, Shōen)이라 했다. 쇼엔은 8세기-15세기 후반까지 존속했다. 11세기에 이르러 쇼엔 토지가 중앙 정부보다 많았다. 황실은 황실군에 지불할 세수(稅收) 마련이 어려웠다. 쇼엔 소유자는 사무라이 전사 군대를 창설했다. 중앙 정부는 반란과 해적 행위를 진압하기 위해 전사를 활용했다. '야만인을 진압하는 장군'이라는 뜻의 정이대장군(征夷大將軍)이 등장했다. 802년 혼슈 북부 에미시족을 정벌했다. 정이대장군의 명칭을 쇼군(將軍, Shogun)이라 했다. 헤이안 시대 황실은 예술과 문화 중심지였다. 시, 일기, 잡화집, 이야기 등의 문화활동이 이뤄졌다. 630년부터 9세기까지 중국 당나라에 일본의 승려와 학자를 파견해 문물을 익혔다. 1052년 교토부 우지에 뵤도인(平等院) 사원을 건립했다. 정토종과 천태종의 합동 사찰이다. 뵤도인 사원은 1994년 유네스코 세계유산에 등재됐다.그림 3

가마쿠라 막부(鎌倉幕府)가 들어섰다. 1185-1333년 기간 존속했다. 쇼군 미나모토노 요리토모는 1192년 가마쿠라 막부를 창설했다. 요리토모 정부는

그림 3 일본 교토 뵤도인 사원

그림 4 일본 교토 루쿠온지 사원

막부(幕府, '천막정부')라고 불렸다. 막부는 군인들이 진을 쳤던 천막을 뜻한다. 쇼군은 1185-1867년까지 장군직으로 국정 최고권력자였다. 쇼군은 1867년 메이지 천황에게 직위를 넘겨주면서 끝났다. 막부 시대 정권은 이전의 율령 국가와는 달랐다. 구조상 분권화되고 봉건주의적이었다. 가마쿠라 막부는 가신(家臣)들이 자신들의 군대를 유지하고 법을 운용하도록 허용했다. 1250년경부터 일본은 번영했다. 농촌은 철 도구, 비료 사용, 관개 기술을 활용해 이모작을 했다. 기근과 전염병이 줄어 도시가 성장했다. 상업이 발전했다. 엘리트 종교였던 불교는 정토불교로 거듭나면서 대중에게 전파됐다.

1274-1281년 기간 전국의 사무라이는 몽골 제국 쿠빌라이와 맞섰다. 「가미카제」라고 불리는 태풍에 힘입어 규슈에서 두 차례 싸워 이겼다. 가미카제는 '신의 바람'이라 했다. 막부는 사무라이 계급에게 재정적 지원을 하지 못했다. 이를 계기로 1333년 천황과 그의 추종 군대는 가마쿠라 막부를 종료시켰다.

무로마치 막부(室町幕府, 1333-1568)가 열렸다. 다카우지는 사무라이들과 함께 황실에 맞서 교토를 점령했다. 교토의 무로마치에 공관을 세우면서 「무로마치 막부」라 했다. 무로마치 막부는 지방과 동맹을 맺어 통치하려 했다. 그러나 지방 정부는 쇼군(將軍)의 관리를 받아들이지 않았다. 지방 정부는 자신을 자기 영지의 봉건 영주인 다이묘(大名, daimyō)라 칭했다. 1477년 쇼군은 다이묘에 대한 통제권을 잃었다. 다이묘는 일본 전역에 수백 개의 독립 국가를 구축했다. 닌자, 스파이, 암살자가 암약했다. 불교 사원에 소속된 농민과 「전사 승려」도 자신의 군대를 키웠다. 무정부 상태가 됐다. 1543년 항로를 이탈한 포루투갈 선박이 규슈 다네가시마 섬에 착륙했다. 포르투갈로부터 소총이 유입됐다. 1556년까지 다이묘 군대는 300,000정의 소총을 사용했다. 유럽은 일본에 기독교를 전파했다. 기독교도가 350,000명에 이르렀다. 1571년 유럽 예수회는 나가사키에 기독교인과 포르투갈 상인 거주지를 만들었다. 중국과 조선과의 무역으로 번성했다. 다이묘는 자체 동전을 주조했다. 물물교환 경제에서 통화기반 경제로 전환됐다. 수묵화, 꽃꽂이, 다도, 일본 정원, 분재 등이 발전했다. 1397년 교토에 로쿠온지(鹿苑寺, 킨카쿠지 金閣寺)가 건축됐다. 일본 선불교 사찰이다. 로쿠온지는 1994년 유네스코 세계문화유산으로 등재됐다.그림 4

아즈치모모야마 시대(安土桃山時代, 1568-1603)가 펼쳐졌다. 오다 노부나가(織田信長)는 유럽의 기술과 총기를 사용해 여러 다이묘를 누르고 새로운 시대를 열었다. 1582년 노부나가가 암살됐다. 1590년 후계자 도요토미 히데요시(豊臣秀吉)는 시코쿠, 규슈 등을 평정해 일본 전국을 통일했다. 그는 1592년과 1597년 두 차례 조선 침략을 시도했으나 실패했다. 도쿠가와 이에야스(德川家康)가 등장했다. 1600년 이에야스는 세키가하라 전투에서 승리했다. 300개의 지역 다이묘를 통합해 도쿠가와 막부를 세웠다.

에도 시대(江戸時代, 1600-1868)가 열렸다. 시대 명칭은 1603년 3월 24일 도쿠가와 이에야스가 막부를 수립한 동부도시 에도(江戸, Edo, 현재 도쿄)에서 유래됐다. 에도 시대는 경제 성장, 엄격한 사회 질서, 고립주의 외교 정책, 안정적인 인구 성장, 항구적인 평화, 대중 예술과 문화 향유를 특징으로 한다. 흔히 오에도(大江戸)라 불린다. 사회 질서 확립을 위해 가혹한 형벌 제도를 도입했다. 셋푸쿠(切腹, 割腹, 할복)가 행해졌다. 1638년 기독교가 불법화됐다. 1639년 사코쿠(鎖國) 고립주의 정책을 택했다. 인구가 30,000,000명으로 증가했다. 도로 건설, 도로 통행료 폐지, 주화 표준화가 이뤄졌다. 읽고 쓰는 능력이 30%까지 향상됐다. 연간 수백 권의 책이 출판됐다. 이러한 높은 수준의

문해력은 일본의 성장 기반을 만들었다. 사무라이는 사소한 모욕만으로도 평민을 가해할 수 있었다. 부를 축적한 상인 계층은 문화·사회 활동에 기부했다. 목판화, 다양한 인쇄 색상, 가부키, 분라쿠 인형극, 짧은 노래 코우타, 게이샤 문화 등이 발달했다. 그러나 농업 성장이 부진하고, 기근이 생기며, 재정이 감소해 사무라이 계급은 어려워 졌다. 1853년 미국 함대가 개항을 요구했다. 보신 전쟁(戊辰戰爭, 1868-1869)으로 도쿠가와 막부는 끝났다.

메이지 시대(明治時代)가 도래했다. 1868-1912년 사이 존속했다. 천황은 명목상의 최고 권력으로 복귀했다. 1869년 황실은 에도로 이주했다. 일본은 서구 제국주의 열강같은 근대 국민국가가 되기를 원했다. 에도 계급 구조를 폐지했다. 다이묘 봉건 영지를 현으로 대체했다. 세금을 개혁하고 기독교를 허용했다. 철도, 전신, 보편적 교육 시스템을 도입했다. 메이지 정부는 서구화를 장려했다. 제도 개혁을 위해 교육, 광업, 은행, 법률, 군사, 교통 등 분야에 수백 명의 서구 전문가를 고용했다. 그레고리력, 서양식 의상, 서양식 헤어스타일을 채택했다. 의학을 비롯한 서양 과학의 수입을 지원했다. 산문 소설, 풍자, 자서전, 심리 소설이 등장했다. 풀뿌리 자유인권 운동이 일어났다. 1889년 메이지 헌법이 공포됐다. 천황을 살아있는 신(神)으로 선포했다. 일본 내각과 일본군은 천황에게 책임을 다하도록 했다. 신도를 국교로 삼았다.

1871년 류큐에서 일본 선원들이 죽임 당한 것을 계기로 일본군은 무장 원정을 도모했다. 일본군을 현대화하고, 징병제를 도입했다. 독자적인 식민지 확보에 나섰다. 류큐를 합병했다. 1894년 일본군과 중국군이 한국에서 충돌했다. 양국군은 동학난을 진압하기 위해 주둔하던 터였다. 1894-1895년의 청일전쟁에서 일본은 청나라를 이겼다. 1895년 대만 섬이 일본에 할양됐다. 1902년 일본은 영국과 군사동맹을 체결했다. 러일전쟁(1904-1905)에서 러시아를 눌렀다. 1910년 일본은 한국을 합병했다. 일본은 급속하게 산업 경제로 전환됐다. 공산품을 수출했다. 미쓰비시, 스미토모 등의 대기업이 등장했다. 도시화가 촉발됐다. 농업 인구는 1872년 75%에서 1920년 50%로 감소했다. 인구는 1872년 34,000,000명에서 1915년 52,000,000명으로 늘어났다. 공장 노동 조건은 열악했다. 노동자와 지식인은 사회주의 사상을 받아들였다. 급진 사회주의자들은 1910년 천황 암살을 계획했다. 좌파 선동자들을 근절하기 위해 비밀경찰이 창설됐다.

다이쇼 시대(大正時代, 1912-1926)는 다이쇼 천황의 재위 시기다. 민주주의 제도를 발전시켰고 국제적인 힘을 키웠다. 1925년 남성 보통선거권이 도입됐다. 연합군 편에서 제1차 세계대전에 참전했다. 경제성장이 촉발됐다. 베르사유 조약 체결, 국제 연맹 가입, 국제 군축 회의 참가 등 국제 관계를 강화했다. 1923년 9월 관동대지진으로 많은 사망자가 발생했다. 화재로 수백만 채의 가옥이 파괴됐다. 조선인들이 우물에 독극물을 넣었다는 거짓 선동이 퍼졌다. 일본군, 경찰, 자경단이 수천 명의 조선인을 살해하는 관동대학살이 자행됐다.

쇼와 시대(昭和時代, 1926-1989)는 히로히토 천황이 통치했던 시기다. 극단적인 민족주의와 팽창주의 전쟁이 전개됐다. 1931년 만주를 침공했다. 만주 괴뢰정부를 세웠다. 일본은 국제연맹에서 탈퇴했다. 1936년 쿠데타를 시도해 온건파 정치인들을 암살했다. 1937년 중일 전쟁이 일어났다. 일본군은 「난징 대학살」을 자행했다. 1940년 정당이 폐지됐다. 1941년 프랑스령 인도차이나 남부를 침공했다. 일본은 필리핀, 말라야, 홍콩, 싱가포르, 버마, 네덜란드 동인도를 포함하여 미국, 영국, 네덜란드의 아시아 식민지를 침공했다. 일본군은 전쟁 포로 학대, 민간인 학살, 생화학 무기 사용과 같은 전쟁 범죄를 저질렀다. 1941년 12월 7일 미국 함대는 일본에게 기습 공격을 당했다. 미국 함대는 하와이 진주만에 진주해 있었다. 1944년 일본은 비행기를 적 군함에 충돌시키는 가미카제 조종사 편대를 운용했다. 엄격한 식량 배급, 정전, 반대파에 대한 잔혹한 탄압 등으로 일본 내 상황은 어려워졌다. 1944년 미군은 사이판섬을 점령했다. 미국은 일본 주요 도시를 집중 폭격했다. 1945년 4월부터 6월 사이 오키나와 전투가 벌어졌다. 115,000명의 군인과 150,000명의 오키나와 민간인이 사망했다. 1945년 8월 6일 원자폭탄이 투하됐다. 미국이 히로시마에 투하했다. 70,000명 이상의 사망자를 냈다. 1945년 8월 9일 소련은 전쟁을 선포했다. 소련은 일본이 점령했던 만주국과 기타 영토를 침공했다. 나가사키에 두 번째 원자폭탄이 투하되어 40,000명 이상이 사망했다. 8월 15일 일본의 히로히토 천황은 국영 라디오를 통해 무조건 항복한다고 방송했다. 1945-1952년 기간 연합군은 일본을 점령 관리했다. 더글러스 맥아더는 개혁을 단행했다. 재벌을 해체하고, 농지 소유권을 지주에서 소작인에게 이전했다. 노동 조합을 장려해 권력 분산을 추구했다. 일본 정부와 사회의 민주화를 추진했다. 일본군은 무장해제됐다. 식민지는 독립했다. 평화유지법과 특별고등경찰이 폐지됐다. 전범은 재판을 받았다. 내각은 천황이 아니라 선출된 국회가 책임을 맡게 했다. 국가 신도제도의 기둥이었던 천황의 신성을 포기하도록 명령받았다. 1947년 새 헌법이 발효되어 시민의 자유, 노동권, 여성의 참정권을 보장했다. 헌법 9조에서 일본은 다른 나라와의 전쟁 권리를 포기하도록 명기했다. 1951년 샌프란시스코 평화조약으로 일본과 미국의 관계가 정상화됐다. 오가사와라 제도는 1968년에, 오키나와는 1972년에 일본에 반환됐다. 미국은 미일

그림 5 일본 도쿄 신주쿠와 후지산

안보조약으로 류큐 제도 전역과 오키나와에 군사 기지를 계속 운영하고 있다. 전후 일본은 서구에서 수입한 기술과 품질관리 기술, 미국과의 긴밀한 경제/국방협력, 비관세 정책, 노동조합 가입 제한, 긴 노동시간, 유리한 글로벌 경제 환경. 종신 고용시스템을 운용했다. 1955년까지 일본 경제는 전쟁 전 수준을 넘어 성장했다. 1956년 유엔회원국이 됐다. 1964년 도쿄올림픽을 개최했다. 1954년 일본 자위대(JSDF)가 구성됐다.

히로히토 천황의 뒤를 이어 아키히토 천황의 헤이세이(平成) 시대가 펼쳐졌다. 헤이세이 시대는 1989-2019년 기간 존속했다. 2019년 이후 나루히토 천황의 레이와(令和) 시대가 이어졌다.

일본의 경제는 고도로 발전된 사회적 시장 경제다. 2023년 기준으로 명목 GDP는 4.410조 달러다. 1인당 명목 GDP는 35,385달러다. 노벨상 수상자는 29명이다. 2022년 기준으로 「Fortune Global 500」 기업 중 47개가 일본에 있다. 자동차, 전기차, 2차전지, 조선, 컨테이너, 전자, 가전제품, 건설, 전기, 원자력, 태양열, 제조, 철강, 병상수, 의약품, 유학생, 인공지능, 빅데이터, 로봇밀도, 우주발사, 바이오메디컬, 식품, 영화수익, TV세트판매 산업이 세계적이다.

1991-2001년 동안 경기 침체기간을 보냈다. 도쿄 신주쿠(新宿区)는 신주쿠역 주변지역을 일컫는다. 도쿄의 경제 중심지다. 세이부 신주쿠역은 1952년에 개설됐다. 2018년 기준으로 18.23㎢ 면적에 346,235명이 거주한다. 전화 NTT, 카메라/의료 기기 Olympus, 전자 Seiko Epson, 여행사 HIS, 스바루, 오다큐 전철, 건설 타이세이, 의료 장비 니혼 코덴, 내비게이션 출판 신초샤와 후타바샤 등이 입지해 있다.그림 5

일본 문화는 조몬, 야요이, 고분 시대로부터 출발했다고 설명한다. 2018년 기준으로 일본의 종교는 신도 69%, 불교 67%, 기독교 2% 등이다. 신도(神道, 신토)는 일본의 민족종교다. 가미, 자연신앙, 애니미즘 등이 혼합된 종교다. 카미(kami)는 신 또는 영혼을 뜻한다. 신도에서는 자연과 신을 하나로 본다. 신과 인간을 잇는 도구와 방법이 제사다. 제사를 지내는 곳이 신사다. 신도에는 교조, 창시자, 경전, 천당과 지옥의 내세관이 없다. 현세 중심적이다. 신불습합(神佛習合, Shinbutsu-shūgō, 신부츠슈고)은 일본의 토착신앙인 신도와 외래신앙인 불교가 융합해 하나의 신앙체계로 재구성된 종교현상을 일컫는다. 카미와 부처의 조화를 도모하는 신불(神佛) 혼합주의다. 불교 전래 이후 오늘날까지 신도와 불교는 하나의 통일된 종교로 합쳐지지 않으면서 불가분의 관계로 공존하고 있다. 1868년 메이지 시대에 천황 중심의 국민통합을 위해 신도와 불교가 분리됐다.

그림 6 **일본의 후지산과 사쿠라 벚꽃**

　　일본의 국가 상징은 후지산과 사쿠라 벚꽃이다. 후지산(富士山)은 일본의
상징이다. 휴화산으로 높이 3,776m다. 후지산은 도쿄 남서쪽 100km에 있
다. 마지막 분화는 1707년 12월 16일부터 1708년 1월 1일까지 16일간의
호에이(Hōei) 분화다. 호에이 분화 당시 화산재는 도쿄 남부에서 4cm, 도쿄
중심부에서 2cm-0.5cm 쌓였다. 후지산은 회화, 목판화, 시, 음악, 연극, 영
화, 만화, 애니메이션, 도자기 등 다양한 매체에서 묘사된다. 2013년 유네
스코 세계유산으로 등재됐다. 사쿠라(桜, Japanese cherry)는 벚꽃, 벚나무다. 대
부분의 일본 학교와 공공건물 밖에 벚꽃나무가 심어져 있다. 사쿠라는 일본
의 국화로 여겨진다.그림 6

그림 7 **일본의 목판화 『가나가와의 큰 파도(神奈川沖波裏)』**

『가나가와의 큰 파도(神奈川沖浪裏)』는 일본 우키요에 예술가 호쿠사이 (Hokusai)가 1831년 후반에 제작한 목판화다. 크기는 25.7cm × 37.9cm다. 호쿠사이 시리즈 『후지산 36경』의 첫 번째 작품이다. 프러시안 블루를 사용했다. 전통적인 일본 판화와 유럽의 그래픽 관점을 종합했다. 이 목판화는 빈센트 반 고흐, 클로드 드뷔시, 클로드 모네 등에 영향을 미쳤다.그림 7

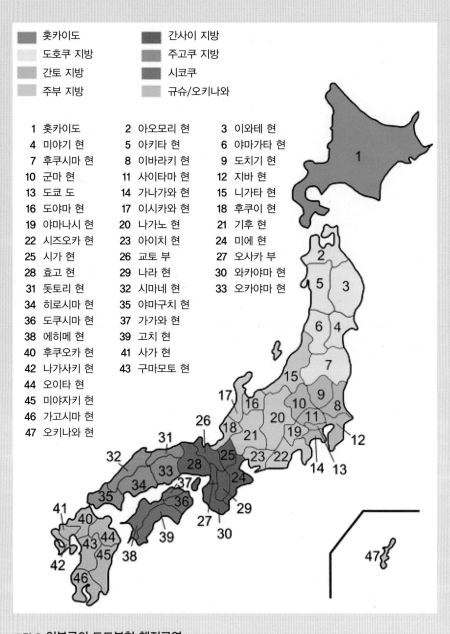

1 홋카이도	2 아오모리 현	3 이와테 현
4 미야기 현	5 아키타 현	6 야마가타 현
7 후쿠시마 현	8 이바라키 현	9 도치기 현
10 군마 현	11 사이타마 현	12 지바 현
13 도쿄 도	14 가나가와 현	15 니가타 현
16 도야마 현	17 이시카와 현	18 후쿠이 현
19 야마나시 현	20 나가노 현	21 기후 현
22 시즈오카 현	23 아이치 현	24 미에 현
25 시가 현	26 교토 부	27 오사카 부
28 효고 현	29 나라 현	30 와카야마 현
31 돗토리 현	32 시마네 현	33 오카야마 현
34 히로시마 현	35 야마구치 현	
36 도쿠시마 현	37 가가와 현	
38 에히메 현	39 고치 현	
40 후쿠오카 현	41 사가 현	
42 나가사키 현	43 구마모토 현	
44 오이타 현		
45 미야자키 현		
46 가고시마 현		
47 오키나와 현		

그림 8 **일본국의 도도부현 행정구역**

02   수도 도쿄와 요코하마

일본의 행정 구역은 광역자치단체와 기초자치단체로 구성됐다. 시의 일부는 특례시, 중핵시 등으로 지정되어 있다. 광역자치단체는 도도부현(都道府県, 도도후켄, Prefectures)이라 부른다. 최상위 행정 구역이다. 기초자치단체는 시정촌(市町村)으로 구성됐다. 2019년 기준으로 791개 시가 설치되어 있다. 여기에서는 도쿄, 요코하마, 교토, 오사카, 고베, 나고야, 후쿠오카, 오키나와를 고찰하기로 한다. 그림 8

도쿄

도쿄(東京)는 일본국 수도다. 2023년 기준으로 2,194.07㎢ 면적에 14,094,034명이 거주한다. 도쿄 수도권 인구는 40,800,000명이다. 도쿄 수도권(東京都, Tokyo Metropolis, Tokyo Prefecture)은 도쿄도와 주변 7현으로 구성됐다. 관할 영역은 도쿄도구부(東京都區部), 다마 지역, 도서지역, 지청, 국립공원 등이다. 도쿄도구부는 23개구로 구성됐다. 청사는 지요다구에 있다가 1991년 4월 1일 신주쿠구로 이전했다. 도쿄도청은 시청과 현청의 기능을 함께 수행한다. 그림 9

그림 9 일본 도쿄도의 도시경관

그림 10 **일본 도쿄 스미다 강**

도쿄는 江(e, 에, '강, 만')과 戸(do, 도, '입구, 문')의 한자 합성어다. ' 어귀'의 뜻이다. 스미다강과 도쿄만이 만나는 정착지 위치다. 스미다강의 동쪽은 스미다구이고, 서쪽은 다이토구다. 1868년 메이지 때 도시 이름이 「에도」에서 도쿄(東京)로 바뀌었다. '동쪽의 수도'라는 뜻이다. 새로운 일본 제국의 수도가 됐다.그림 10

도쿄는 도쿄만의 북서쪽에 위치했다. 동서로 90km, 남북으로 25km다. 평균 고도는 40m다. 도쿄는 해안에 있는 삼중 접합점 인구에 입지했다. 삼중 접합점은 동쪽은 태평양판, 남쪽은 필리핀해판, 북쪽은 북아메리카판이다, 도쿄는 3개 판의 경계 근처에 있다. 도쿄에 자주 영향을 미치는 작은 지진과 미끄러짐 현상이 활발하다. 도쿄는 1703년 이래 여러 차례 추력지진을 겪었다. 1923년 규모 8.3의 지진으로 142,000명이 사망했다.

도쿄는 어촌 마을 에도(江戸)였다. 1457년 에도 성이 세워졌다. 1590년 도쿠가와 이에야스는 에도를 근거지로 활동했다. 1603년 쇼군이 되면서 에도는 막부의 소재지가 됐다. 18세기에도 인구는 1,000,000명을 넘었다. 메이지 시대인 1869년 2월 11일 수도가 헤이안쿄(京都)로부터 에도로 천도됐다. 도시 이름이 에도에서 도쿄(東京)로 바뀌었다. 1878년 도쿄부가 됐다. 1923년에 관동대지진으로, 제2차 세계대전 중 연합군의 폭격으로 도시가 파괴됐다. 1943년 7월 1일 도쿄도제가 시행됐다. 도쿄부와 도쿄시가 폐지되고 이를 통합해 도쿄도(東京都)가 설치됐다. 이전의 도쿄시는 도쿄도구부(東京都區部)로 불리게 됐다. 1978년 나리타 국제공항이 건설됐다. 도쿄 인근 지바현 나리타시에 있다. 오늘날 도쿄는 행정기관, 금융기관, 대기업, 신문·방송·출판 등의 문화 기능, 대학·연구기관 등의 교육·학술 기능의 중추 지역이다. 철도망, 도로망, 항공로의 교통 중심지다. 도쿄는 세계화·세계 도시연구 네트워크에서 「알파+」 도시로 분류된 세계도시다. 글로벌 금융 도시, 국제연구 개발 중심지다. 2023년 기준으로 「Fortune Global 500」의 세계 500대 기업 중 29개가 입지했다. 1964년 하계 올림픽, 1964년 하계 패럴림픽, 2020년 하계 올림픽, 1979년, 1986년, 1993년 세 번의 G7 정상회담을 개최했다.

황거(皇居, 고쿄, Imperial Palace, Black House)는 일본 천황과 황후의 생활공간이다. 천황의 거처는 고쇼(御所, 어소)라 부른다. 도쿄도 치요다구에 위치했다. 공

그림 11 **일본 도쿄의 황거 항공사진과 후지미야구라**

원 형태로 면적 1.15㎢다. 궁전 부지와 정원은 막부의 에도 성터에 지어졌다. 1868년 메이지 덴노가 교토고쇼를 떠나 에도 성에 머물렀다. 에도 성은 도케이 성으로 개칭됐다. 1869년 천황의 도쿄 체류가 확정되어 도케이 성은 황성(皇城)이 됐다. 1873년 천황이 머물던 니시노마루 어전이 화재로 소실됐다. 1888년 메이지 궁전(明治宮殿)이 완공됐다. 황성 명칭이 궁성(宮城)으로 불렸다. 1948년 황거(皇居)로 바뀌었다. 1945년 건물이 손상된 후 1968년에 다시 지었다. 서로 연결된 철골철근 콘크리트 구조물로 지상 2층, 지하 1층 규모다. 황궁건물은 대형 박공 지붕, 기둥, 들보 등 일본 건축의 현대적 양식이다. 시설은 궁전, 어소, 동어원, 궁내청, 황궁경찰, 궁중삼전, 어부 등

그림 12 **일본 도쿄의 국회의사당**

이 있다. '후지산을 바라보는 천수'라는 뜻의 후지미야구라(富士見櫓)가 있다. 3층으로 된 망루다. 혼마루성채 남동쪽 모퉁이에 있다.그림 11

　일본의 국회의사당은 도쿄도 치요다구 고쿄 인근에 있다. 1920-1936년 기간에 건축됐다. 1890년 이후 네 번째로 지은 의사당이다. 철근 콘크리트 건물로 내부는 화강암과 벽화로 장식됐다. 일본의 입법기관은 참의원과 중의원의 양원제다. 왼쪽은 중의원, 오른쪽은 참의원이 사용한다. 의회가 열리지 않는 날에는 일반인에게도 개방한다.그림 12

　도쿄 스카이트리(Tōkyō Sky Tree)는 도쿄 스미다에 있는 방송·관측 타워다. 2012년에 높이 634m로 세웠다. 종래의 도쿄 타워는 고층 건물로 둘러싸

그림 13 **일본 도쿄의 스카이트리와 도쿄 타워**

여 있어 디지털 지상파 TV 방송이 어려워졌다. 2012년부터 디지털 방송은
도쿄 스카이 타워에서 이뤄진다. 도쿄타워(Tokyo Tower)는 도쿄 미나토에 있
는 통신·전망대다. 1958년 완공했다. 1961년 송신 안테나가 타워에 추가됐
다. 관광과 안테나 임대로 운영된다. 타워 아래 4층 건물인 풋타운에는 박
물관, 레스토랑, 상점이 들어서 있다. 2층짜리 메인 데크는 높이 150m, 탑
데크는 높이 249.6m다. 항공 안전을 위해 오렌지색으로 칠해져 있다.그림 13
　시부야구(渋谷区)는 도쿄도 패션 중심지다. 시부야역 주변의 중심 업무 지
구를 가리키기도 한다. 도쿄 23구의 중앙에 위치한다. 1885년 도쿄 남서부

그림 14 **일본 도쿄 롯폰기 힐즈의 모리 타워와 레지던스 빌딩**

철도 종점으로 발흥해 상업과 오락중심지가 됐다. 1889년 촌으로, 1909년 정으로, 1932년 도쿄시 구로, 1943년 도쿄도 구로, 1947년 특별구가 됐다. 1923-1935년까지 매일 시부야역에서 주인을 기다렸다는 개(犬) 하치코 조각상이 역 주변에 세워졌다. 하치코 광장은 만남의 장소다. 시부야구 요요기 공원은 1964년 도쿄 올림픽 개최지 중 하나였다.

롯폰기(六本木, Roppongi) 힐즈는 도쿄 미나토 롯폰기 지구에 있는 복합 기능 단지다. 고층 도심 커뮤니티를 통해 통근 시간을 없애고, 직장 근처에서 생활하는 컴팩트 공간을 구성하고 있다. 2003년에 완성했다. 오른쪽의 모리 타워는 54층 238.1m다. 왼쪽의 레지던스 B 및 C는 159.1m다. 그랜드 하얏트도쿄는 95.7m다. 모리 타워에는 사무실, 아파트, 상점, 레스토랑, 카페, 영화관, 박물관, 미술관, 진료소, 호텔, 주요 TV 스튜디오, 야외 원형 극장, 공원, 전망대 등이 있다.그림 14

일본 정부와 도쿄도는 국지성 호우에 대비해 저수장을 다수 건설했다. 2009년 지하 저수조 빗물배수시설을 세웠다. 도쿄 북쪽 사이타마현 가스카베시에 있다. 지하 22m에 설치된 물탱크로 조압수조(調圧水槽) 규모가 크다. 길이 177m, 폭 78m, 높이 25m다.

요코하마

요코하마(横浜, Yokohama)는 가나가와현 현청 소재지다. 도쿄 대도시권에 속하는 경제 중심지다. 2023년 기준으로 437.38㎢ 면적에 3,769,595명이 산다. 동경 남부 35km 떨어진 곳에 요코하마가 있다.

1859년 쇄국정책이 끝난 뒤 개항된 후 외국 무역항으로 발전했다. 요코하마에 차이나타운(1859), 유럽식 스포츠 경기장(1860년대), 영자 신문(1861), 제과·맥주 제조(1865), 일간 신문(1870), 가스 가로등(1870년대), 기차역(1872), 발전소(1882) 등이 세워졌다. 요코하마, 고베, 오사카, 나고야, 후쿠오카, 도쿄, 치바 등은 일본의 주요 항구다.

요코하마는 도쿄 광역권과 간토 지역 항구 도시로 첨단 산업 중심지다. 요코하마에는 이스즈, 닛산, 게이큐, 코에이 테크모, 소테츠, 요코하마 은행

그림 15 일본 요코하마의 미나토 마리아 21

등의 본사가 있다. 요코하마에는 미나토 미라이 21이 있다, 「미나토 미라이 21」이라는 명칭은 여론조사로 선정됐다. '21세기 미래의 항구(Port Future 21)'라는 뜻이다. 요코하마 중심 상업 지구다. 1983년 개발이 시작됐다. 요코하마 중요 지역, 칸나이 상업 중심지, 요코하마역 주변을 연결하는 새로운 도시 중심지로 설계됐다. 비즈니스, 쇼핑, 관광 기능이 활발하다. 비즈니스 지구에는 인터컨티넨탈 호텔, 코스모클락 21대 관람차, 요코하마 미술관, 요코하마 랜드마크 타워, 오피스 타워, 파시피코 요코하마 컨벤션 센터, 쇼핑 센터, 중앙 보행자 쇼핑몰 등이 있다. 닛산 자동차, JGC 홀딩스(1928년 설립), 치요다 화공건설(1948년 창립) 등의 본사와 지점이 있다.그림 15

03 지역 중심 도시

교토

교토(京都, Kyoto)에는 2020년 기준으로 827.83㎢ 면적에 1,463,723명이 거주한다. 교토 대도시권 인구(MSA)는 3,783,014명이다. 헤이안 시대(794-1185)에는 헤이안쿄(平安京)로, 약하여 Kyōto(京都)라 불렀다. 京都는 '수도'라는 뜻이다. 도쿄(東京)에 대비해 사이쿄(西京, '서쪽 수도')라고도 했다.

794년 일본 황실 소재지로 선정됐다. 헤이안쿄는 중국 수도 장안과 낙양을 모델로 세웠다. 황궁은 남쪽을 향하고 있다. 가미교구, 나카교구, 시모교구 거리는 격자무늬다. 교토는 1869년까지 일본의 수도였다. 메이지 유신 이후 수도는 교토에서 도쿄로 천도했다. 794-1868년 기간 일본의 수도여서 「천년의 수도」라 했다.

교토, 오사카, 고베가 중심인 게이한신(京阪神) 대도시권이 구성되어 있다. 게이한신 대도시권에는 2019년 기준으로 13,228㎢ 면적에 19,303,000명이 거주한다. 교토의 산업은 정보 기술(IT)과 전자 산업이 주다. 닌텐도, 오므론, 교세라, 시마즈, 일본전산, 니치콘, 무라카 기계 등의 본사가 입지했다. 기모노 전통 의상, 월계관 등 사케양조, 의류 와코루, 배송 사가와 급편, MK 택시 등의 본사가 있다.

교토는 일본 문화 중심지다. 제2차 세계대전 중 대규모 파괴를 면해 문화

그림 16 **일본 교토 기요미즈데라 사원**

유산이 보존됐다. 2023년 문화청을 교토로 이전했다. 1,600개의 불교 사원
과 400개의 신사 등 2,000개 문화 시설이 있다. 교토의 17개 문화재가 유네
스코 세계문화유산이 등재됐다. 기요미즈데라 사원, 로쿠온지(鹿苑寺) 또는
킨카쿠지(金閣寺) 사원, 지쇼지(慈光寺) 또는 긴카쿠지(銀閣寺) 사원, 료안지 사원,
텐류지 사원, 도지 사원, 사이호지 사원, 니조 성, 니시혼간지 사원, 닌나지
사원, 시모가모 신사, 엔랴쿠지 사원, 뵤도인 사원, 다이고지 사원, 가미가
모 신사, 고잔지 사원, 우지가미 신사 등이다. 기요미즈데라(淸水寺)는 오토
와산키요미즈데라(音羽山淸水寺)로도 불린다. 780년 건축했다. 805년 황실 사
원이 됐다. 화재로 소실되어 9번 재건축했다. 대부분은 1630년대에 지어졌
다. 본당(혼도)은 언덕 위에 나무 기둥으로 지탱되었다. 못 없이 세웠다.그림 16

그림 17 **일본 오사카성과 오사카 비즈니스 파크(OBP)**

오사카

오사카(大阪)에는 2021년 기준으로 225.21㎢ 면적에 2,753,862명이 산다. 오사카는 '큰 언덕, 큰 경사면'을 뜻한다. 에도 시대에는 大坂(오사카)와 大阪(오사카)가 혼용되었다. 1868년 메이지 유신 이후 大阪이 공식 명칭이 됐다.

고분시대(300-538)에 지역 항구로 발전했다. 7세기와 8세기에 제국 수도 역할을 했다. 에도 시대(1603-1867)에 문화 중심지로 성장했다. 메이지 유신 이후 산업화가 이뤄졌다. 1889년 오사카 자치단체가 설립됐다. 메이지시대와 다이쇼시대의 1900년대까지 산업 중심지였다. 전후 재개발, 도시 계획,

구역 설정 등으로 성장했다.

오사카는 게이한신 대도시권 경제 중심지로 발전했다. 오사카 증권거래소, 일본생명, 스미토모그룹, 다케다 제약, 파나소닉, 샤프, 산케이 신문, 아사히 신문, 데상트, 닌자 스튜디오, 오릭스, 로토제약, 산와전자, 산요 등이 있다.

오사카에는 오사카 성, 가이유칸, 도톤보리, 신세카이 의쓰텐카쿠, 덴노지 공원, 아베노 하루카스, 시텐노지 사원 등이 있다. 1583년 도요토미 히데요시가 오사카성을 짓기 시작했다. 도요토미 정권의 본성이었으나 오사카 전투에서 소실됐다. 에도 시대에 재건해 서일본 거점으로 삼았다. 소실과 재건을 거듭했다. 오사카성은 1997년 국가 등록문화재로 지정됐다. 성이 있는 곳에 오사카성공원(大阪城公園)이 조성됐다. 오사카성 북동쪽의 네야강과 다이니네야강 사이에 오사카 비즈니스 파크가 조성됐다. 주오구 재개발 지구로 오사카 순환선의 서쪽 업무지구다.그림 17

고베

고베시(神戸市, Kobe)는 효고현 현청 소재지로 항만도시다. 게이한신 대도시권의 일부다. 2021년 기준으로 557.02㎢ 면적에 1,522,188명이 거주한다. 고베 대도시권에는 2,419,973명이 산다. 오사카에서 서쪽으로 35km, 교토에서 남서쪽으로 70km 떨어져 있다. 도시 이름은 이쿠타 신사 지지자들을 가리키는 칭호 칸베(神戸)에서 유래됐다.

201년 가이쿠타 신사를 창건했다. 도쿠가와 시대 막부가 항구를 직접 관

그림 18 **일본 고베의 낮과 일몰 경관**

할했다. 1853년 쇄국 정책이 끝난 후 서양과의 무역을 위해 개방된 도시 중 하나였다. 1956년 정령도시로 지정됐다. 1938년 수해, 1945년 미군 공습, 1995년 한신·아와지 대지진으로 피해를 입었다. 구두, 양과자, 전통 일본주 제조업이 활발하다. 고베에는 아식스, 가와사키 중공업, 고베제강, 산요전 철, 시스멕스, 카노퍼스, 다이에이, 쾨니히스크로네, 엘리 릴리, 프록터 앤 드 갬블, 뵈링거 잉겔하임, 네슬레 등의 기업이 있다.그림 18

나고야

나고야(名古屋)는 아이치현 현청 소재지다. 도쿄와 교토의 중간에 위치해 주 쿄(中京)로 불렸다. '중앙의 수도'라는 뜻이다. 도카이도 신칸센으로 도쿄, 교 토, 오사카와 연결되어 있다. 2021년 기준으로 326.45㎢ 면적에 2,331,078 명이 거주한다. 나고야 대도시권 인구는 10,240,000명이다. 나고야는 '평 온함'을 뜻한다.

    1610년 도쿠가와 이에야스는 오와리국의 국부를 기요스로부터 7km 떨 어진 나고야로 이전했다. 1610-1619년 기간 기요스성의 자재를 활용해 나 고야성을 축성했다. 성을 건설하면서 주민, 절, 신사를 나고야 성 주변 마을 로 옮겨왔다. 당시 아쓰타 신궁이 에도와 교토를 연결하는 도카이도의 역참 으로 개발됐다. 역참 여행자를 위한 마을이 절 주변에 조성됐다. 나고야 성 과 아쓰다 신궁 주변 마을이 합쳐져 나고야가 이뤄졌다. 1889년에 나고야 시가 됐다. 나고야는 공업 중심지로 성장했다. 나고야 지역 경제권이 형성 됐다. 지역 경제권에는 공업 중심지 나고야, 도기 생산지 도코나메·다지미·

그림 19 **일본 나고야 중심업무지구**

세토, 화약 생산지 오카자키가 포함됐다. 목화와 움직이는 인형인 가라쿠리 인형 산업도 활발했다. 시계, 자전거, 재봉틀 등 전통 제조업에 이어 특수강, 세라믹, 화학, 석유, 석유화학 제품이 생산되면서 자동차, 항공, 조선 산업이 번성했다. 나고야 증권 거래소, 브라더 산업, 아이비네즈, 린나이, 미쓰비시 항공기, 렉서스, 토요타 통상 등의 본사가 있다.그림 19

후쿠오카

후쿠오카(福岡)는 후쿠오카현의 현청 소재지다. 2021년 기준으로 343.39㎢ 면적에 1,603,543명이 거주한다. 후쿠오카 대도시권 인구는 2,565,501명이다. 규슈에서 제일 큰 도시다. 후쿠오카는 하카타(博多)로도 불린다.

    부산에서 고속선으로 3시간 거리다. 도쿄와 상하이의 중간에 위치했다. 후쿠오카시에서 이키섬, 쓰시마섬을 끼고 맞은편에 한반도가 있다. 후쿠오카는 도쿄에서 1100km, 오사카에서 550km, 부산에서 200km, 서울에서 550km, 상하이에서 900km, 타이베이에서 1300km 떨어져 있다.

그림 20 **일본 후쿠오카**

중세까지 일본과 아시아의 무역항이었다. 에도 시대에 건설됐다. 시 중심부에 나카 강이 흐른다. 서쪽의 후쿠오카는 후쿠오카번의 성시로 발전해 왔다. 동쪽의 하카타는 상업 도시로서 발전해 왔다. 1889년 후쿠오카와 하카타가 통합해서 후쿠오카 시로 발족했다. 시의 이름은 후쿠오카로, 철도역과 항구는 하카타로 했다. 1972년 정령지정도시가 됐다.

후쿠오카는 큐슈 지방의 경제 중심지다. 서비스 경제, 스타트업이 활발하다. 스타트업 비자, 세금 감면, 무료 비즈니스 상담 등이 제공된다. 개업률이 높다. 이와타야(Iwataya)와 규슈전력의 본사가 있다. 물류, IT, 하이테크 중소기업의 본거지다. 중공업 생산 대부분은 인근 기타큐슈에서 이루어진다. 후쿠오카 방송, 규슈 아사히 방송, 러브 FM, RKB 마이니치 방송, 텔레비전 니시닛폰 등이 입지했다. 하카타항, 후쿠오카 공항이 있다. 규슈철도와 니시닛폰철도의 본사가 있다. 1949년 설립된 증권 거래소가 있다.그림 20

오키나와

오키나와현(沖縄県)에는 2020년 기준으로 2.281㎢ 면적에 1,466,870명이 거주한다. 오키나와 제도는 류큐 열도(琉球諸島)의 일부다. 류큐열도에는 미야코 제도, 야에야마 제도, 센카쿠 제도, 다이토 제도가 포함되어 있다.

1429년부터 류큐 왕국이 다스렸다. 1609년 일본이 오키나와에 들어왔다. 중국과 교역했던 류쿠 왕국은 주권을 유지했다. 1872년 일본이 류큐를 합병하고 류큐 번으로 바꾸었다 1879년 오키나와현이 됐다. 1945년 미국이 들어와 1950년까지 군정으로 관할했다. 1950-1972년까지 민정 통치가

일본 오키나와 나하시

이뤄졌다. 1972년 미국은 오키나와를 일본에 넘겨줬다. 2006년 미군 해병대는 오키나와에서 괌으로 재배치됐다. 인종 구성은 오키나와인 40.6%, 일본인 21.3% 등으로 조사됐다.

오키나와 현에는 11개의 도시가 있다. 나하(那覇) 317,405명, 오키나와(沖縄) 138,431명, 우루마 118,330명, 우라소에 113,992명 등이다. 나하(那覇)는 오키나와현의 수도다. 2019년 기준으로 39.98㎢ 면적에 317,405명이 산다. 오키나와섬 남부 동중국해 연안에 위치했다. 1921년 새로운 현대 도시가 건설됐다. 나하는 중세와 근대 초기 류큐 왕국의 상업 중심지였다.그림 21

일본의 국어는 일본어다. 일본은 고도의 시장 경제다. 2023년 기준으로 1인당 명목 GDP는 35,385달러다. 노벨상 수상자는 29명이다. 세계적 상위 산업 품목이 20개 이상이다. 일본의 국가 상징은 후지산과 사쿠라 벚꽃이다. 도쿄는 1868년 이래 일본국의 수도다. 도쿄 남쪽에 항구도시 요코하마가 있다. 지역 중심도시에는 교토, 오사카, 고베, 나고야, 후쿠오카, 오키나와 등이 있다.

XI

동남아시아

인도네시아 공화국

그림 1 인도네시아 공화국 국기

01 인도네시아 전개과정

인도네시아 공화국은 동남아시아에서 오세아니아까지 이어진 군도(群島)국가다. 2023년 추정으로 1,904,569㎢ 면적에 279,118,866명이 거주한다. 수도는 자카르타다. 인도네시아는 17,508개의 섬으로 구성됐다. 사람이 사는 섬은 6,000개다. 인도네시아에는 많은 언어와 민족이 공존한다. 이런 연유로 인도네시아는 「다양성 속의 통합」을 중시한다. 인도네시아는 국제 연합, 세계무역기구, G20, 아세안, 이슬람 협력 기구 등의 일원이다.

인도네시아 공화국은 인도네시아어로 Republik Indonesia(레푸블릭 인도네시아)로 표현한다. 한국 한자음 인도니서아(印度尼西亞)의 줄임말인 인니(印尼)로도 불린다. 인도네시아는 '인도양의 섬들(네시아)'이라는 뜻이다. 영어로 Republic of Indonesia라 표기한다.

인도네시아 국기는 위쪽 빨간색과 아래쪽 흰색 두 개의 수평 띠가 있는 바이컬러 기(旗)다. 1945년 8월 17일 자카르타에서 독립 선언하면서 게양됐다. 1949년 12월 27일 독립을 쟁취해 확정했다. 빨간색은 용기를, 흰색은 순수함을 상징한다.그림 1

인도네시아의 공식어는 바하사 인도네시아다. Bahasa Indonesia로 표현한다. 1920년대부터 자국어를 갖기 위한 노력이 펼쳐졌다. 1945년 공식적인 인도네시아 자국어를 갖게 됐다. 대다수의 인니 국민이 인도네시아어를 사용한다. 대부분의 공식교육, 대중 매체, 거버넌스, 행정, 사법 기관에서는 인도네시아어를 사용한다. 2023년 11월 인도네시아어는 유네스코 총회에서 공식언어 중 하나로 인정됐다. 인도네시아어 어휘는 자바어, 미낭카바우어, 부기네어, 반자르어, 아랍어, 네덜란드어, 영어 등 다양한 언어의 영향을 받았다. 차용한 단어는 인도네시아어의 발음과 문법 규칙에 맞게 조정되어 왔다. 대부분의 인니인은 자국어 외에도 700개가 넘는 토착 현지 언어 중 적어도 하나를 유창하게 구사한다. 가정과 지역 사회에서 자바어와 순다어를 많이 쓴다.

인도네시아에는 1,300여 개의 고유한 원주민 집단이 거주한다. 자바인이 전체 인구의 40%로 가장 많다. 순다족이 15.4%다. 바탁족, 마두라족, 베타위족, 미낭카바우족, 부기스족, 말레이족이 뒤를 잇는다. 대부분의 인도네시아인은 오스트로네시아조어(祖語)(Proto-Austronesian)에서 유래한 언어를 사용하는 오스트로네시아 민족의 후손이다. 또 다른 집단은 인도네시아 동쪽 말루쿠 제도, 서부 뉴기니, 소순다 제도 동부에 사는 멜라네시아인이다.

인도네시아는 적도에 위치했다. 동남아시아에서 오세아니아에 걸쳐 있는 횡단형 국가다. 동서로 5,120km, 남북으로 1,760km 걸쳐 뻗어 있다. 순다 제도에 자바, 수마트라, 보르네오, 술라웨시, 발리, 티모르 등이 있다. 말루쿠 제도와 뉴기니도 있다. 해발 4,884m 뿐착자야가 최고봉이다. 인니 강은 정착지 간의 통신과 교통을 연결해 준다. 기후는 열대성 기후다. 건기는 5월부터 10월까지, 우기는 11월부터 4월까지다. 자연환경 보존을 강조하여 생태계 다양성을 지니고 있다.

1891-1892년 자바원인 호모 에렉투스가 발견됐다. 700,000-1,490,000년 전 사이로 추정되는 초기 인류화석이다. BC 2,000년경 오스트로네시아

그림 2 **1365년 마자파히트(Majapahit) 제국의 최대 범위**

민족이 멜라네시아인이 사는 동남아시아로 이주했다.

BC 8세기-1세기까지 벼 재배에 적합한 농업 조건과 습지가 있어 마을에서 작은 왕국이 발달했다. 해상 군도는 섬과 국가 간의 교역을 가능케 했다. 인도 왕국과 중국 왕조와 교역했다. 스리비자야 해군 왕국(7세기-12세기)은 무역, 힌두교, 불교를 기반으로 번영을 누렸다. 불교 샤일렌드라 왕조(750-850)와 힌두 마타람 왕조(8세기-11세기)는 농업을 바탕으로 자바에서 번성했다. 힌두 마자파히트(Majapahit) 제국(1293-1527)은 인도네시아 대부분을 통치하면서 「황금 시대」를 누렸다. 말은 자바어를 썼고, 종교는 힌두교, 불교였다.그림 2 8세기에 들어온 이슬람교는 1200-1602년 기간에 자바와 수마트라에서 지배적인 종교가 됐다. 1512년 포르투갈 상인들이 말루쿠 제도에 들어왔다. 육두구, 정향, 큐베브 후추를 원했다. 네덜란드와 영국 상인이 뒤를 이었다. 1602-1799년 기간에 네덜란드 동인도 회사(VOC)가 인도네시아를 관리했다. 1800년 이후에도 네덜란드의 영향력은 이어졌다. 20세기 초 「인도네시아」라는 통일된 국가 개념이 본격화됐다. 1942-1945년 사이 일본이 네덜란드령 동인도를 점령했다. 1945년 일본이 항복하면서 인도네시아는 독립을 선언했다. 1945-1949년 동안 인도네시아는 국민혁명(Indonesian National Revolution)으로 네덜란드로부터 독립을 쟁취했다.

인도네시아 경제는 혼합 경제다. 2017년 기준으로 부문별 GDP 구성은 농업 13.7%, 산업 41%, 서비스 45%다. 2020년 기준으로 직업별 노동력은 농업 27.7%, 산업 22.6%, 서비스업 49.6%다. 2023년 기준으로 1인당 명목 GDP는 5,016달러다. 쌀, 카사바, 커피, 팜유, 목재, 해산물, 석유, 광업, 재생에너지, 자동차, 금융, 부동산, 비즈니스 산업이 활발하다. 식품, 석탄, 제조 산업이 세계 상위권이다. 노벨상 수상자는 3명이다. 자카르타에 「Wisma 46」이 있다. 1996년 완공한 높이 261.9m 46층 오피스 타워다. 1828년 자바은행이 개점했다. 1953년 자바 은행을 국유화해 인도네시아 은행이 설립됐다. 1968년 인도네시아 은행을 중앙은행으로 전환했다.

인도네시의 종교는 다양하다. 2022년 기준으로 이슬람교 87.02%, 기독교 10.49%, 힌두교 1.69%, 불교 0.73%, 민속/기타 0.04%, 유교 0.03%다. 인도네시아종교평화회의(ICRP)는 인도네시아에 245개의 비공식 종교가 있다고 집계했다. 1945년 인도네시아는 건국 5원칙을 세웠다. 판차실라(Pancasila)라 한다. 산스크리트어 단어인 판차와 실라의 합성어다. 판차(Panca)는 '다섯'이라는 뜻이다. 인도네시아의 판차실라 철학의 첫 번째 원칙이 「유일하고 전능하신 하나님」이다. 시민들에게 「유일하고 전능하신 하나님」에 대한 믿음을 진술하도록 요구한다. 신성모독은 처벌 가능한 범죄

무슬림

기독교

힌두교

그림 3 **인도네시아의 지배적인 종교**

로 되어 있다. 종교가 국가의 정치, 경제, 문화 생활에 미치는 집단적 영향력은 상당하다. 헌법상 종교의 자유를 보장함에도 불구하고, 1965년 이후 정부가 인정하는 종교는 6개 종교다. 6개 종교는 이슬람교, 기독교(개신교와 가톨릭을 각각 인정), 힌두교, 불교, 유교다. 인도네시아 법은 여권과 신분증 등에 자신의 종교적 소속을 나타내도록 의무화했다. 신분증에는 인정된 6개 종교 중에서 선택하도록 했다. 2017년부터 해당 종교에 속하지 않는 시민은 신분증의 해당 섹션을 공백으로 남겨둘 수 있도록 했다. 인도네시아는 불가지론, 무신론을 인정하지 않는다. 신성모독은 불법으로 간주한다. 무신론자는 공산주의자로 본다. 이런 연유로 신분증에 신앙이 명시되어야 한다. 인도네시아 대부분이 무슬림이다. 서부 파푸아에 기독교가 많다.그림 3

그림 4 인도네시아 자카르타의 골든 트라이앵글과 모나스(Monas)

02 수도 자카르타

인도네시아에는 자카르타 특별 수도권, 수라바야(동부 자바, 2.874,313명), 베카시 (서부 자바, 2,543,676명), 반둥(서부 자바, 2,444,160명), 메단(북부 수마트라, 2,435,252명), 데폭 (서부 자바, 2,056,335명), 탕그랑(반텐, 1,895,486명), 팔렘방(남부 수마트라, 1,668,848명), 세마 랑(중부 자바, 1,653,524명), 마카사르(남부 술라웨시, 1,423,877명) 등의 도시가 있다.

자카르타(Jakarta)는 인도네시아의 수도다. 공식적으로 자카르타 특별수 도권(Special Capital Region of Jakarta)이다. 2022년 기준으로 661.23㎢ 면적에 10,679,951명이 거주한다. 자카르타 대도시권 인구는 33,430,285명이다.

자카르타 명칭은 산스크리트어 jaya(승리) krta(성취)에서 파생된 Jayakarta 라는 단어에서 파생됐다. 자야카르타는 '승리하다'라는 뜻이다.

순다 왕조시대 무역항 순다 켈라파(Sunda Kelapa, 397-1527)로 번성했다. 포르 투갈이 들어온 이후 자야카르타(Jayakarta, 1527-1619)로 개명됐다. 네덜란드 동 인도회사가 설립되면서 도시명이 바타비아(Batavia, 1619-1942)로 바뀌었다. 일 제강점기(1942-1945)인 1942년 도시이름이 자카르타로 변경됐다. 민족혁명 시대(1945-1949)인 1946년 수도를 자카르타에서 족자카르타로 옮겼다. 1949 년 독립하면서 자카르타는 인도네시아 수도가 됐다.

자카르타는 상업 시가지와 신시가지로 나뉜다. 섬유공업·조선업 등이 발 달해 있다. 자카르타 중심부에 삼각형 모양의 황금 삼각지대가 있다. 중앙

자카르타에서 남부 자카르타까지 뻗어 있다. 자카르타의 CBD다. 외국 대사관과 고층 빌딩이 모여 있다. 수디르만 중심 비즈니스 지구, 메가 꾸닝안, 라수나 에피센트럼, 꾸닝안 페르사다 지구가 포함된다. 자카르타 중심부 메르데카 광장 중앙에 국립기념물(Monumen Nasional, 약어 Monas) 모나스가 서있다. 1961-1975년 기간에 지었다. 132m 높이의 오벨리스크다. 인도네시아 독립 투쟁을 기념하기 위해 세웠다. 꼭대기에는 금박으로 덮인 불꽃이 장식되어 있다. 남성성 링가(Lingga)와 여성성 요니(Yoni)의 철학이 담겨있다.그림 4

이스티크랄 모스크(Masjid Istiqlal, 'Independent Mosque')는 인도네시아 독립을 기념하기 위해 지어진 국립 모스크다. '독립'을 뜻하는 아랍어 「이스티크랄」로 명명됐다. 1978년 공개됐다. 모스크 옆에 자카르타 대성당(가톨릭)과 임마누엘 교회(개혁)가 있다. 모스크에는 7개의 입구가 있다. 숫자 7은 이슬람 우주론에서 일곱 하늘을 나타낸다. 1층에 우두 분수, 기도실, 안뜰이 있다. 건물은 두 개의 연결된 직사각형 구조다. 직사각형의 주 기도실 건물은 직경 45m의 중앙 구형 돔으로 덮여 있다. 숫자 45는 1945년 인도네시아 독립 선언문을 의미한다. 메인 돔은 이슬람의 상징인 초승달과 별 모양의 스테인리스 스틸 장식 첨탑으로 되어 있다. 돔은 12개의 둥근 기둥으로 지탱되어 있다. 12개의 기둥은 이슬람 선지자 무함마드의 생일을 나타낸다. 메인 층과 4층의 발코니는 모두 5층을 구성한다. 숫자 5는 이슬람의 5개 기둥을 나타낸다. 매일 5번의 기도를 의미한다. 메인 홀은 직경 8m의 돔으로 덮인 입구를 통해 접근할 수 있다. 숫자 8은 인도네시아 독립의 달인 8월을 상징한다. 인테리어 디자인은 최소한의 스테인레스 스틸 기하학적 장식을 사용했다. 주요 구조는 안뜰을 중심으로 펼쳐진 아케이드와 연결된다. 아케이드는 남쪽 모서리에 있는 단일 미나렛과 본관을 연결한다. 이스티크랄 모스

그림 5 인도네시아 자카르타의 이스티크랄 모스크와 내부

크에는 하나님의 신성한 하나됨을 상징하는 단일 첨탑이 있다. 꾸란 6,666 구절을 상징하는 높이는 66.66m의 탑이다.그림 5

자카르타는 급속한 도시 성장, 생태계 파괴, 교통 혼잡, 침하로 인한 홍수 피해 등의 도시 문제를 안고 있다. 2019년 수도를 자카르타에서 보르네오 섬 칼리만탄 지방의 누산타라로 이전하는 연구에 착수했다.

인도네시아의 국어는 바하사 인도네시아다. 2023년 기준으로 1인당 명목 GDP는 5,016달러다. 식품, 석탄, 제조 산업이 세계적이다. 노벨상 수상자는 3명이다. 종교는 2022년 기준으로 이슬람교 87.02%, 기독교 10.49%, 힌두교 1.69%, 불교 0.73%, 유교 0.03%다. 8세기 아랍 무슬림 상인이 인도네시아에 무슬림을 전파했다. 무슬림은 1200-1602년 기간에 크게 확산됐다. 자카르타는 1949년 12월 27일 인도네시아의 수도가 됐다.

말레이시아

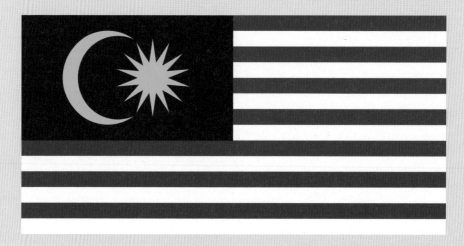

그림 1 말레이시아 국기

01 말레이시아 전개과정

말레이시아(Malaysia)는 연방제 입헌 군주국이다. 2023년 기준으로 330,803㎢ 면적에 33,200,000명이 거주한다. 수도는 쿠알라룸푸르다. 쿠알라룸푸르에는 연방 정부의 입법부와 일부 사법부가 위치했다. 푸트라자야에는 연방 정부의 행정부와 사법부가 있다. Malaysia는 '말레이인'의 뜻인 Malays와 라틴어-그리스어 접미사 –ia를 결합한 어휘다. '말레이인의 땅'으로 해석한다.

국기에는 바탕에 빨간색과 하얀색의 14개 가로 줄무늬가 있다. 왼쪽 상단에 파란색 직사각형, 노란색 그믐달, 14줄기의 노란색 별이 있다. 14개의 가로 줄무늬는 말레이시아를 구성하는 13개 주와 말레이시아 연방 정부를 의미한다. 그믐달은 국교인 이슬람교를 뜻한다. 14줄기의 노란색 별은 13개의 주와 연방 정부의 단결을 의미한다. 노란색은 말레이시아의 국왕을 상징한다. 파란색은 말레이시아 국민의 단결을 뜻한다. 영국 동인도 회사 기(旗)를 기반으로 제정됐다.그림 1

공용어는 말레이시아어(Bahasa Melayu moden)다. 말레이어의 믈라카 방언을 표준어화한 언어다. 표준어는 피아와이(piawai)라 한다. 헌법에는 말레이시아어, 인도네시아어 등을 포함한 말레이어(Bahasa Melayu)가 공용어로 되어있다. 말레이어는 오스트로네시아어족에 속하는 언어다. 인도네시아, 말레

그림 2 **말레이시아 행정구역**

이시아, 싱가포르, 브루나이의 공용어다. 태국, 동티모르에서도 사용한다. 영어는 1967년 국어법에 따라 일부 공식어로 사용되는 제2언어다. 사라왁에서 영어는 말레이어와 함께 공식어다. 중국어·타밀어도 쓰인다.

민족 구성은 2021년 기준으로 원주민 부미푸트라(Bumiputera) 69.7%, 중국인 11.9%, 인도인 6.6% 등이다. 부미푸트라는 말레이인 57.3%, 사바·사라왁·오랑아슬리 원주민 12.4%로 구성됐다.

말레이시아는 적도 근처의 열대 우림 기후 국가다. 다양한 동식물군이 존속되고 있는 생물 다양성 국가다. 말레이시아는 고생대에 형성된 석회퇴적암의 순다판 지형에 놓여 있다. 보르네오섬의 믈루산에는 동굴이 많다. 보르네오섬에는 155종의 자생종 딥테로카르푸스과 나무가 서식한다. 2000년 보르네오 구능물루 국립공원은 유네스코 세계 유산으로 등재됐다.

말레이시아 행정구역은 13개의 주와 3개의 연방 직할구로 구성됐다. 말레이반도는 서말레이시아다. 보르네오섬은 동말레이시아다. 그 사이에 남중국해가 있다. 말레이반도는 전 영토의 40%, 동말레이시아는 60%를 점유한다. 서말레이시아에는 조호르, 믈라카, 느그리슴빌란, 슬랑오르, 페락, 페낭, 크다, 프를리스, 클란탄, 파항, 트렝가누의 11개 주와 쿠알라룸푸르, 푸트라자야의 2개 연방직할구가 있다. 동말레이시아에는 사라왁, 사바의 2개 주와 라부안 연방직할구가 있다. 말레이시아는 1963년 14개 주로 출발했다. 1965년 싱가포르가 탈퇴해 13개 주로 줄었다. 1974년 연방직할구가 신설됐다. 슬랑오르 주에서 쿠알라룸푸르가 분리되어 연방직할구가 됐다.그림 2

각 주 정부는 주를 관리한다. 연방 정부는 연방직할구를 관할한다. 말레이 왕조를 바탕으로 13개 주가 형성됐다. 서말레이시아 11개 주 중 9개 주는 「이슬람 주」라 한다. 독자적인 왕실을 두고 있다. 9개 주의 술탄이 5년에 한번 호선으로 국가 원수를 선출한다. 국가원수는 쿠알라룸푸르의 국립 궁전 이스타나 네가라에서 거주한다. 2011년 완공됐다. 면적 97.65헥타르다. 돔이 22개다. 공식 부분, 왕실 부분, 관리 부분으로 나뉘어 있다.그림 3

40,000년 전부터 사람들이 이 지역에 들어왔다. 초기 지역 역사는 인도의 힌두교와 중국의 불교가 지배했다. 7-13세기에 스리비자야 문명이 수마트라에서 꽃피웠다. 10세기 이슬람교가 들어왔다. 15세기에 이르러 이슬람에 기반을 둔 술탄국이 등장했다. 말라카 술탄국과 브루나이 술탄국이 번성했다.

1511년 포르투갈이 말라카에 상륙했다. 이를 계기로 조호르와 페락 술탄국이 설립됐다. 1641년 네덜란드가 들어와 관리했다. 1786년 영국령 동인도 회사가 들어오면서 영국 관할이 시작됐다. 영국은 1819년 싱가포르를 획득했다. 말라야를 관리하던 네덜란드와 마찰이 발생했다. 1824년 영

그림 3 **말레이시아 쿠알라룸푸르의 국립 궁전**

국-네덜란드 조약으로 관할범위를 확정했다. 영국은 싱가포르를 중심으로 북부를, 네덜란드는 남부를 차지했다. 말라카는 영국이 관할했다. 영국은 「영국령 말라야」라는 오늘날의 말레이시아와 싱가포르를 관리했다. 네덜란드는 「네덜란드령 인도」라는 오늘날의 인도네시아를 관할했다. 1826년 영국은 말라카, 싱가포르 등에 직할 해협 식민지를 건설했다. 20세기 영국은 「연합 말레이 주」를 구성해 관리했다. 1877-1878년 사이 영국령 북보르네오가 설립됐다. 1842년 영국이 브루나이 술탄으로부터 사라왁을 양도받은 뒤 사라왁 왕국이 수립됐다. 사라왁 왕국은 1946년까지 백인 왕조가 관리했다. 1942년 일본이 말라야, 북보르네오, 사라왁, 싱가포르를 침공했다.

1945년 일본이 패망해 물러간 뒤 영국이 재점령했다. 1946년 영국은 싱가포르를 제외한 영국령 해외영토인 「말라야 연합」을 세웠다. 1948년 말라야 연합이 「말라야 연방」으로 바뀌었다. 말레이인을 중심으로 하는 정책이 시작됐다. 영국의 지원에 힘입어 말레이 지도자들이 자주성을 회복했다. 영국은 말레이시아 관리 기간 동안 중국과 인도 노동자의 이민을 장려했다. 말라야 공산당 소속 중국계 게릴라들이 영국을 자국에서 축출하려는 무장투쟁을 벌였다. 영국 연방 국가들은 이들을 진압했다. 1955년 총선이 실시되면서 1957년 영국으로부터 독립했다. 말라야 연방 정부는 영국의 해외영토였던 북보르네오, 사라왁, 싱가포르, 브루나이에게 연방 정부 가입을 권유했다. 1961년 브루나이가 말라야 연방에 가입했다. 석유 자원을 지닌 브루나이는 경제적으로 쇠퇴할 것을 우려해 1962년 탈퇴했다. 싱가포르, 사라왁, 북보르네오(사바)는 말라야 연방에 가입했다. 1963년 싱가포르, 사라왁, 사바가 영국으로부터 독립했다. 1963년 9월 16일 말레이시아를 결성했다. 말라야 연방, 싱가포르, 사라왁, 사바가 참여했다. Malaya란 이름에 si를 추가해 Malaysia라 했다. 1965년 싱가포르가 연방에서 탈퇴해 별도의 독립 국가를 수립했다. 1971년 신경제정책으로 도약했다. 1980년 급속한 경제 성장과 도시화가 진행됐다.

  말레이시아 경제는 농업, 광업이 주다. 주석, 철광, 천연 고무, 팜유를 생산하고 수출한다. 열대과일 재배, 도시근교 채소, 원예농업이 활발하다. 관광업도 발달했다. 주석광(錫鑛)은 서해안 몬타 등지의 충적토를 준설(浚渫) 채굴한다. 석유는 후사바·사라왁의 해양유전에서 얻는다. 1970년대 말부터 전기·통신기계와 수송기계를 생산 수출한다. 2023년 기준으로 1인당 명목 GDP는 13,034달러다. 2013년 노벨평화상 수상자 1명을 배출했다.

그림 4 말레이시아 쿠알라룸푸르의 국립 이슬람 사원 마스지드 느가르

　　말레이시아는 다민족, 다문화, 다언어 사회다. 지역의 전통 문화는 원주민과 말레이인이 계승한다. 해외 무역과 함께 중국, 인도, 페르시아, 아랍, 영국 문화의 영향을 받았다. 헌법에 국교는 이슬람교라 했으나, 종교의 자유를 보장하고 있다. 종교는 2020년 기준으로 수니파 이슬람교가 64%다. 불교가 19%다. 기독교는 9%다. 힌두교는 6%다. 마스지드 느가르(Masjid Negara)는 쿠알라룸푸르에 있는 이슬람 사원이다. 15,000명을 수용한다. 면적 53,000㎡다. 국립 이슬람 사원(National Mosque)이라고도 한다. 1922년부터 베닝로신도복음교회가 있던 자리에 1965년 모스크를 건립했다. 굵고 현대적인 철근콘크리트로 된 마스지드 느가르는 말레이시아 독립의 새로

운 열망을 상징했다. 뾰족탑의 높이는 73m다. 지붕에는 16각 콘크리트 별이 있다. 지붕은 열리는 우산을 연상케 한다. 콘크리트 지붕의 접히는 접시는 대공간을 만들기 위한 건축 양식이다.그림 4

그림 5 말레이시아 쿠알라룸푸르의 낮과 일몰 경관

02 수도 쿠알라룸푸르

말레이시아에는 쿠알라룸푸르, 카장(1,047,356명), 세베랑 페라이(946,092명), 수방자야(902,086명), 클랑(902,025명) 등의 도시가 있다.

쿠알라룸푸르(Kuala Lumpur)는 말레이시아 수도다. 공식적으로 쿠알라룸푸르 연방직할구로 표기한다. 2022년 기준으로 243㎢ 면적에 2,163,000명이 거주한다. 쿠알라룸푸르 대도시권 인구는 7,564,000명이다. 국왕의 왕궁, 의회, 사법부의 일부가 있다. 쿠알라룸푸르는 '흙탕물의 합류'를 뜻한다. Lumpur는 '흙탕물'이란 의미다.

1857년 곰박강과 클랑강이 합류하는 지역에 쿠알라룸푸르가 세워졌다. 슬랑오르 주석 매장지 클랑 밸리를 개방하면서 정착지가 건설되기 시작했다. 쿠알라룸푸르는 1880년 슬랑오르 주도가 됐다. 1896년 말레이 연방 주의 수도가 됐다. 1942년 일본이 들어와 44개월 동안 관리했다. 1957년 독립 후 말라야 연방의 수도가 됐다. 1963년 국명이 말레이시아로 바뀐 후에도 수도 지위를 유지했다. 1972년 시로 승격됐다. 1974년 슬랑오르 주에서 분리됐다. 쿠알라룸푸르는 연방령 지역이 됐다. 1990년대 크게 성장했다.

쿠알라룸푸르 시티 센터(KLCC)는 쿠알라룸푸르의 다목적 개발 지역이다. 공원 내부, 주변 지역, 인근 건물을 포함한 지역 개념이다. 도시 안의 도시로 설계된 100에이커 부지다. 쌍둥이 건물, 호텔, 쇼핑몰, 오피스 사무실 등이 입지했다. 공공 공원, 모스크도 세워져 개방되어 있다. 페트로나스(Petronas) 트윈 타워는 쿠알라룸푸르에 있는 88층 고층 빌딩이다. 1992-1999년 기간에 건설했고 2011년에 개축했다. 쌍둥이로 연결된 건물로 높이 451.9m다. 바닥면적은 395,000㎡다. 타워 1은 하자마코퍼레이션이, 타워 2는 대한민국 삼성건설과 극동건설이 지었다. 각 타워에는 리프트/엘리베이터가 38개씩 있다. 페트로나스 타워는 인근의 쿠알라룸푸르 타워, 메르데카 118과 함께 쿠알라룸푸르의 랜드마크다. 1996년에 개장한 쿠알라룸푸르 타워는 높이 421m의 전망탑이다. 2023년에 문을 연 메르데카 118은 118층 높이 678.9m의 쇼핑, 오피스, 전망대 건물이다. 대한민국 삼성물산이 시공했다.그림 5

03 푸트라자야와 사이버자야

　푸트라자야(Putrajaya)는 공식적으로 푸트라자야 연방 직할구로 표기한다. 2020년 기준으로 49㎢ 면적에 109,202명이 거주한다. 푸트라자야는 쿠알라룸푸르에서 남쪽으로 35.3km 떨어져 있다. 말레이시아의 행정과 사법 수도다. 쿠알라룸푸르의 인구 과잉과 혼잡을 극복하기 위한 계획도시다. 1995-2001년 기간 쿠알라룸푸르의 행정 기능을 푸트라자야로 이전했다. 2003년 사법부가 푸트라자야로 이전됐다. 쿠알라룸푸르는 헌법에 따라 말레이시아의 수도로 남아 있다. 쿠알라룸푸르에는 국가 원수와 입법부가 있다. 총리실 등 정부 부처 대부분은 푸트라자야로 이전됐다. 쿠알라룸푸르에 남아 있는 기관은 국제무역산업부, 국방부, 노동부, 말레이시아 네가라 은행, 말레이시아 왕립 경찰, 말레이 철도 등이다. 브루나이를 제외한 외국대사관과 공관은 쿠알라룸푸르에 남아 있다. 푸트라자야의 Putra는 말레이시아 초대 총리인 라만 푸트라(Rahman Putra)의 이름을 따서 명명됐다. Putra는 산스크리트어로 '왕자, 남자아이'를, jaya는 '성공, 승리'를 뜻한다. 푸트라자야는 '승리한 사람'으로 해석한다.그림 6

　사이버자야(Cyberjaya)에는 2020년 기준으로 28.94㎢ 면적에 49,276명이 거주한다. 사이버자야는 사이버(Cyber)와 자야(jaya)의 합성어다. 1997년 말레이시아 멀티미디어 슈퍼 코리도(Corridor)의 핵심 부분으로 조성된 과학단

그림 6 말레이시아 푸트라자야의 총리실과 과학단지 사이버자야

지다. 말레이시아 실리콘밸리를 지향해 푸트라자야 인근에 조성됐다. 푸트라자야에서 서쪽으로 9.8km 떨어져 있다. 화웨이, T-시스템, 델, DHL, 테크 마힌드라, 위프로, HSBC, OCBC, BMW, IBM, 몬스터닷컴 등이 들어와 있다.그림 6

말레이시아의 공용어는 말레이시아어다. 경제는 농업, 광업이다. 2023년 기준으로 1인당 명목 GDP는 13,034달러다. 노벨평화상 수상자가 1명 있다. 종교는 2020년 기준으로 수니파 이슬람교가 64%다. 불교가 19%다. 기독교는 9%다. 힌두교가 6%다. 쿠알라룸푸르는 1963년 이래 말레이시아의 수도다. 행정도시는 푸트라자야다. 인근에 과학단지 사이버자야가 있다.

싱가포르 공화국

그림 1 **싱가포르 공화국 국기**

01 싱가포르 전개과정

싱가포르는 공식적으로 싱가포르 공화국이라 한다. 영어로 Republic of Singapore, 말레이어로 Republik Singapura(레푸블릭 싱아푸라), 만다린 중국어로 新加坡共和国(신자포공허궈), 타밀어로 சிங்கப்பூர் குடியரசு(싱가푸르 쿠디야라수)라 한다. 줄여서 싱가포르라 한다. 말레이어로 Singapura(싱아푸라), 영어로 Singapore(싱거포어), 중국어로 新加坡(신자포), 타밀어로 சிங்கப்பூர் (싱가푸르)라 한다. 2023년 추정으로 734.3㎢ 면적에 5,917,600명이 거주한다.

싱가포르의 14세기 명칭은 말레이어로 싱아푸라(Singapura)였다. 싱아푸라는 산스크리트어 सिंहपुर(siṃhá-pura)로부터 유래했다. Singa는 '사자', pura는 '도시'라는 뜻이다. 곧 싱가포르는 '사자의 도시(Lion City)'라는 의미다.

국기는 싱가포르가 영국으로부터 자치권을 갖게 된 1959년에 채택됐다. 1965년 말레이시아로부터 독립한 후에도 국기로 사용했다. 디자인은 흰색 위에 빨간색이 있는 수평 바이컬러다. 5개의 작은 흰색 오각형 별과 흰색 초승달이 왼쪽 사분면 칸톤에 그려져 있다. 흰색은 '영원하고 지속적인 순수성과 미덕'을 나타낸다. 빨간색은 '보편적 친교와 평등'을 상징한다. 이슬람의 초승달은 '상승하는 젊은 국가'를 의미한다. 다섯 개의 별은 국가의 이상을 상징한다. 국가의 이상은 민주주의, 평화, 진보, 정의, 평등이다. 그림 1

싱가포르의 공식어는 말레이어, 영어, 중국어, 타밀어 4개 언어다. 오스

그림 2 싱가포르 식물원

트로네시아어, 인도유럽어, 중국-티베트어, 드라비다어 계열에 속하는 언어다. 헌법상의 국어는 말레이어다. 링구아 프랑카로서의 사실상 주요 언어는 영어다. 싱글리시(Singlish)인 싱가포르 구어체 영어를 사용하기도 한다. 2000년 인구조사에서는 가정에서 사용되는 일반적인 언어는 만다린 표준 중국어를 비롯한 다양한 중국어였다. 인도계는 타밀어를 사용한다. 2020년 기준으로 인종 구성은 중국인 74%, 말레이인 14%, 인도인 9% 등이다.

싱가포르는 도시화로 숲의 대부분을 잃었다. 1967년 삶의 질 향상을 위해 「정원 도시」 비전을 도입했다. 161년이 된 열대 정원 싱가포르 식물원은 2015년 유네스코 세계문화유산에 등재됐다.그림 2 싱가포르는 계절이 뚜렷하지 않고 습도가 높은 열대 우림 기후다. 온도는 연중 23-32°C를 유지한

그림 3 싱가포르의 섬 및 수로와 싱가포르 항

다. 에어컨을 많이 사용한다.

싱가포르는 본섬인 풀라우 우종을 포함해 63개의 섬으로 이루어져 있다. 싱가포르는 말레이시아 조호르와 두 개의 다리로 연결된다. 북쪽은 조호르-싱가포르 코즈웨이다. 서쪽은 투아스 세컨드 링크다. 1923년 조호르-싱가포르 코즈웨이(Causeway)를 건설해 북부 조호르 해협으로 선박이 통과할 수 없게 됐다. 코즈웨이 도로는 싱가포르 우드랜즈 마을과 말레이시아 조호바루 시를 연결한다. 주롱섬, 풀라우 테콩, 풀라우 우빈, 센토사는 싱가포르에서 큰 섬이다. 가장 높은 곳은 163.63m의 부킷 티마 힐이다. 간척으로 싱가포르 면적은 1960년대 581.5㎢에서 2015년 710㎢로 증가했다.그림 3

싱가포르 항은 싱가포르의 해양무역, 항구, 해운을 처리하는 시설과 터미널 집합체다. 1819년 영국인 래플스(Raffles)가 당시 케펠 항구에 국제 무역항을 설립했다. 싱가포르는 2015년 이래로 세계 유수의 해양 수도로 평가됐다. 선적 컨테이너, 원유 공급 등에서 세계적인 환적 항구다. 인도양과 태평양 사이를 오가는 선박의 대부분은 싱가포르 해협을 통과한다.그림 3

1819년 영국이 싱가포르에 무역항을 건설했다. 1942-1945년 기간 일본이 들어왔다. 1945년 일본이 물러간 후 싱가포르는 영국의 해외영토로 되돌아갔다. 1959년 자치권을 얻었다. 1963년 말레이시아연방의 일원이 됐다. 말레이시아연방이 영국으로부터 독립했다. 1965년 말레이시아연방에서 탈퇴해 독립 국가를 세웠다. 독립 당시 인구는 1,600,000명이었다.

싱가포르 경제는 시장 경제다. 지리적 위치, 숙련된 인력, 낮은 세율, 첨단 인프라, 부패에 대한 무관용으로 외국인 투자 유치가 활발하다. 국제적 콘퍼런스 행사가 자주 열린다. 교육, 의료, 낮은 부패, 주거 등의 생활 여건이 양호하다. 정유시설, 금융, 조선, 컨테이너, 로봇 밀도 산업 등이 세계적이다. 2023년 기준으로 1인당 명목 GDP는 87,884달러다.

그림 4 싱가포르 다운타운 코어(상)와 시빅 디스트릭트(하)

싱가포르는 국가 규모가 크지 않으나 다양한 언어, 종교, 문화를 갖고 있다. 인종적, 종교적 조화는 싱가포르 정체성을 구축하는 데 중요한 역할을 했다. 2020년 기준으로 싱가포르 종교 구성은 불교 31%다. 기독교가 19%다. 이슬람교는 16%다. 도교와 민간신앙이 9%다. 힌두교는 5%다.

2022년 기준으로 베독(278,270명), 탐피네(265,340명), 주롱 웨스트(258,240명), 셍캉(252,730명), 우드렌드(252,190명), 호우강(226,990명), 이슌(222,580명) 등의 도시에 200,000명 이상이 거주하고 있다.

싱가포르는 영국인 래플즈와 영국 동인도 회사가 들어오면서 본격적으로 발전했다. 그들은 수심이 깊은 싱가포르에 동남아시아 자유항을 세웠다. 항구는 싱가포르 강둑 어귀를 따라 커졌다. 도시는 자연스럽게 강둑 주변으로 확장되어 오늘날 다운타운 코어로 발전됐다. 다운타운 코어(Downtown Core)는 싱가포르 도시국가의 역사의 중심지다. 다운타운 코어에는 2019년 기준으로 4.34㎢ 면적에 2,720명이 거주한다. 베이프론트 애비뉴에는 마리나 베이 샌즈(Marina Bay Sands), 카지노, 래플스 플레이스, 탄종 파가 등이 있다. 다운타운 코어에는 싱가포르 거래소, 대기업의 본사, 사무실, 정부 기관, 국회의사당, 대법원이 입지했다. 싱가포르 시빅 디스트릭트(Civic District)에는 싱가포르 대법원, 구 대법원, 국회의사당이 있다. 배경에는 마리나 베이 샌즈 호텔의 세 개의 타워가 보인다. 다운타운 코어 내에 조성된 CBD의 높이는 280m로 제한되어 있다. 래플스 플레이스는 싱가포르 금융 지구의 중심이다. 싱가포르강 하구 남쪽에 위치했다. 1823-1824년에 상업 광장으로 계획 개발됐다. 1858년에 래플스 플레이스로 이름이 바뀌었다.그림 4

머라이언(Merlion) 동상은 싱가포르의 상징이다. 하얀 색이다. 길이 8.6m, 무게 70t이다. 상반신은 사자, 하반신은 물고기다. 가공의 동물이다.

그림 5 **싱가포르 마리나 베이의 머라이언 동상**

Merlion은 mermaid(인어)와 lion의 합성어다. 사자는 싱가포르의 말레이
어 국호 Singapura(싱아푸라)에서 유래했다. '사자의 도시'라는 뜻이다. 하반
신의 물고기는 '바닷가 마을, 항구 도시'를 상징한다. 고대 싱가포르를 트마
섹(Temasek)이라 했다. 트마섹은 자바어로 '바닷가 마을'이란 뜻이다. 이 상
징물은 1964-1997년 기간 싱가포르여유국 로고로 사용된 적이 있다. 머라
이언 동상은 1972년 싱가포르 강 입구에 처음 등장했다. 1997년 에스플러
네이드 다리가 세워졌다. 마리나베이 해안가에서 머라이언 동상이 뚜렷하
게 보이지 않게 됐다. 2002년 머라이언 동상은 새로 지은 돌제부두로 옮겨
졌다. 머라이언 동상은 머라이언 공원(Merlion Park)에 설치되어 있다. 지금의
머라이언 공원은 초기보다 규모가 4배 크다.그림 5

그림 6 **싱가포르 가든스 바이 더 베이의 온실 단지**

　　가든스 바이 더 베이(Gardens by the Bay)는 마리나 저수지에 인접한 자연 공원이다. 면적 101ha다. 2012년 개장했다. 싱가포르 야외 레크리에이션 공간이다. 2018년에 방문자가 50,000,000명을 넘어섰다. 공원은 54ha의 베이 사우스 가든, 32ha의 베이 이스트 가든, 15ha의 베이 센트럴 가든 등 세 개의 해안가 정원으로 조성되어 있다. 베이 사우스 가든은 열대 원예와 정원의 예술성을 보여준다. 베이 이스트 가든에 2km의, 베이 센트럴 가든에 3km의 산책로가 있다.

　　가든스 바이 더 베이의 온실 단지는 마리나 저수지 가장자리에 위치한 플라워 돔(Flower Dome)과 클라우드 포레스트(Cloud Forest)로 구성되어 있다. 플라워 돔은 1.2ha의 온실 정원이다. 2015년 기네스북에 세계에서 가장 큰 기둥 없는 온실로 등재됐다. 시원하고 건조한 지중해 기후를 재현했다. 바오밥 나무, 다육 식물 정원, 호주 정원, 남아프리카 정원, 남미 정원, 올리브

그로브, 캘리포니아 정원, 지중해 정원 등 8개의 정원으로 짜여 있다. 5개 대륙의 지중해 및 반건조 지역의 꽃과 식물이 식재되어 있다. 용설란, 알로에 바르베라, 동백나무, 패랭이꽃 바바투스, 태산목 등이 자란다. 클라우드 포레스트는 0.8ha다. 동남아시아, 중남미의 해발 1,000-3,000m 사이의 열대 산악 지역의 시원하고 습한 환경을 재현해 놓았다. 42m 높이의「클라우드 마운틴」이 있다. 엘리베이터를 타고 정상까지 올라간 후 35m 높이의 폭포 아래를 여러 번 가로지르는 원형 경로를 통해 산을 내려간다. 클라우드 마운틴에는 난초, 양치류, 공작 고사리, 스파이크, 클럽모스, 브로멜리아드, 국화 등와 착생 식물이 덮혀 있다.그림 6

  싱가포르의 공식어는 말레이어, 영어, 중국어, 타밀어 4개 언어다. 2023년 기준으로 1인당 명목 GDP는 87,884달러다. 2020년 기준으로 싱가포르 종교 구성은 불교 31%다. 기독교가 19%다. 이슬람교는 16%다. 도교와 민간신앙이 9%다. 힌두교는 5%다. 싱가포르의 중심은 다운타운 코어다. 머라이언 동상은 싱가포르의 상징이다.

베트남 사회주의 공화국

그림 1 베트남 사회주의 공화국 국기

베트남 전개과정

공식 명칭은 베트남 사회주의 공화국이다. 대한민국 한자로 共和社會主義越南(공화 사회주의 월남)으로 표기한다. 약칭으로 베트남, 베트남어로 Việt Nam(비엣남), 대한민국 한자로 越南(월남)으로 표현한다. 2023년 추정으로 331,699㎢ 면적에 100,000,000명이 거주한다. 베트남의 수도는 하노이다. 정부형태는 사회주의 공화제다. 공산당 유일정당 국가다.

국호인 비엣남은 1945년부터 공식적으로 사용되고 있다. 베트남어로 Việt Nam, 한자로 越南이라 표기한다. BC 180-BC 111년의 베트남 왕조 남월(南越)의 명칭을 거꾸로 써 월남이 됐다. 남월 왕조는 베트남 북부와 중국 남부를 지배했다. 비엣(越)은 백월(百越)족을 뜻한다. 대한민국에서는 베트남이라 쓴다.

베트남 국기는 황금별이 있는 깃발이다. '조국의 깃발'이라 한다. 1940년 프랑스에 대항하면서 사용했다. 빨간색 바탕은 혁명과 유혈(bloodshed)을 상징한다. 황금별은 지식인, 농부, 노동자, 기업가, 군인 등 베트남의 다섯 계층을 나타낸다. 1945년 베트남 민주공화국 국기로 채택됐다. 1955년 별의 광선을 더 뾰족하게 수정했다. 1976년 베트남 사회주의 공화국 깃발로 채택됐다.그림 1

베트남의 공식어는 베트남어(Tiếng Việt)다. 오스트로아시아어족에 속한다.

비엣족의 모국어다. 베트남 디아스포라에서도 쓰인다. 기본 어순은 SVO (주어, 동사, 목적어)다. 수식어가 피수식어의 뒤에 위치한다. 베트남어 쓰기 시스템인 꾸옥 응구(Quoc-ngu)는 17세기 중반 포르투갈 선교사들이 처음 사용했다. 로마 알파벳을 베트남어의 특정 자음, 모음, 성조에 맞게 악센트와 기호로 수정해 고안했다. 프랑스 선교사에 의해 추가로 수정됐다. 처음에는 베트남 기독교 공동체에서 사용됐다. 1910년 프랑스 행정부에 의해 의무화됐다. 오늘날 베트남에서 보편적으로 사용되는 공식 문자 체계다. 베트남인은 54개 민족으로 구성되어 있다. 비엣(Viet)족이 85.72%로 다수다. 비엣(越, 월)족은 킨(Kinh, 京, 경)족이라고도 한다. 베트남의 소수 인종 구성은 따이족 1.89%, 타이족 1.81%, 크메르(Khmer)족 1.47%, 호아(Hoa)족 0.96% 등이다.

베트남은 인도차이나 반도 동쪽에 위치했다. 남북 길이는 1,600km다. 최대 너비는 650km다. 국토는 북부 고원 지대, 해안 저지대, 메콩강 삼각주 등으로 나뉜다. 열대 계절풍이 분다. 북부 일부 지역은 사계절이 나타난다. 남부 지방은 여름에 비가 집중적으로 내린다. 중부 지방은 건조 지역과 습한 지역이 공존한다.

하롱베이(下龍灣)는 베트남 북동부에 위치한 만이다. Ha Long Bay로 표현한다. '하강하는 용'이란 뜻이다. 면적은 1,553㎢다. 대부분이 석회암으로 이루어진 1,969개의 섬이 있다. 몇몇 섬은 속이 비어 있는 동굴이 있다. 동굴에는 수많은 종유석과 석순이 있다. 이곳의 석회암은 5억년 동안 형성됐다. 카르스트 지형은 2천만년에 걸쳐 조성됐다. 이 지역 환경의 지리적 다양성은 생물 다양성을 만들어냈다. 이곳에는 14종의 고유 꽃종과 60종의 고유 동물종이 서식하고 있다. 랑차이 수상 마을 등에서 보트와 뗏목 생활을 하는 어민이 산다. 보트와 뗏목은 타이어와 플라스틱 주전자로 부력을

그림 2 베트남의 하롱베이

받는다. 하롱베이 주변 수상 마을 주민은 관광 산업에 종사한다. 하롱베이 는 1994년 유네스코 세계자연유산으로 등재됐다.그림 2

　　BC 111-938년 기간 베트남은 중국이 관할했다. 938년 베트남은 중국 오 대 십국의 하나인 남한(南漢)을 격파했다. 939년 응오(茹吳, Ngô) 왕조가 세워졌 다. 베트남 왕조는 인도차이나 반도의 동쪽 해안을 따라 남쪽으로 국경을 넓혔다. 1802년 응우옌(茹阮, Nguyễn) 왕조가 통일국가를 이뤘다. 나라 이름 이 다이비엣(大越, 1802-1804), 베트남(越南, 1804-1839, 1945), 다이남(大南, 1839-1945)으 로 변천했다. 청불(淸佛) 전쟁(1884-1885)에서 프랑스가 승리했다. 1884-1945 년 사이 프랑스는 베트남을 관리했다. 베트남은 프랑스령 인도차이나의 일부로 편입됐다. 베트남은 프랑스 관리 기간 동안 끊임없이 독립 운동을 펼쳤다. 1942-1945년에 일본이 베트남에 들어왔다. 1945년 9월 2일 베트남은 독립을 천명하면서 베트남 민주 공화국 수립을 선언했다. 프랑스는 베트남의 독립을 인정하지 않았다. 1946-1954년 기간에 베트남 독립전쟁인 제1차 인도차이나 전쟁이 벌어졌다. 1954년 베트남이 디엔비엔푸 전투에서 대승했다. 프랑스가 철수했다. 베트남은 독립을 맞게 됐다. 그러나 서구 열강은 1954년 제네바 협정을 통해 베트남을 남북 두 지역으로 분단시켰다. 경계선은 북위 17도였다. 그러나 약속했던 경계선이 지켜지지 않아 전국 선거가 무산됐다. 응우옌 왕조가 다시 복원되어 베트남국이 수립됐다. 베트남국은 쿠데타로 붕괴되고 남쪽에 베트남 공화국(1955-1975)이 세워졌다. 남쪽의 베트남 공화국과 북쪽의 베트남 민주공화국이 싸우는 베트남 전쟁이 터졌다. 베트남 전쟁은 1955-1975년 사이에 전개됐다. 북쪽의 베트남 민주공화국이 승리했다. 1976년 베트남 사회주의 공화국이 수립됐다. 1977-1991년 사이 베트남은 크메르루즈와의 갈등으로 캄보디아와 전쟁을 치렀다. 1979년 베트남은 국경 문제로 중화인민공화국과 전쟁을 벌였다. 1986년에 이르러 베트남에서는 도이 머이(Đổi mới, 聰贖) 정책이 제시됐다. 도이 머이는 쇄신(renovaton, innovation)이란 뜻이다. 도이 머이는 공산주의를 기반으로 하면서 개혁 개방을 통해 혼합 경제를 도입하자는 논리다. 베트남은 실용주의 혼합 경제 정책으로 전환했다. 2000년 베트남은 거의 대부분의 국가와 수교를 맺었다.

베트남에서 정부개발원조와 외국투자는 경제 발전의 견인 요소다. 1986년 도이 머이정책 이후 외국인에 우호적인 여러 법이 시행됐다. 1990년대에 ASEAN 등 국제 사회에 편입되었다. 2017년 기준으로 부문별 GDP는 농업 15.3%, 산업 33.3%, 서비스업 51.3%다. 2022년 기준으로 직업별 노동력은 농업 27.5%, 산업 33.4%, 서비스업 39%다. 2023년 기준으로 1인당 명목 GDP는 4,316달러다. 쌀, 후추, 커피, 고무, 사탕수수, 열대 과일, 향신료, 차 등의 생산국이며 수출국이다. 석탄, 석유, 주석, 천연가스, 인, 보크사이트 등이 산출된다. 식품산업과 휴대전화 산업이 활성화됐다. 1973년 레둑토는 미국의 키신저와 노벨평화상을 공동 수상했으나 거절했다.

2023년 기준으로 베트남에는 5개의 문화유산, 2개의 자연유산, 1개의 혼합유산 등 8개의 유네스코 세계문화유산이 있다. 베트남 종교는 2018년 기준으로 민속/무종교가 73.7%다. 불교는 14.9%다. 가톨릭 7.4%, 개신교 1.1%다. 호아하오교 1.5%다. 불교는 2세기에, 기독교는 16세기에 들어왔다. 대승불교가 주류다. 호아하오교는 1939년 불교 바탕으로 창시된 종교다.

그림 3 베트남 수도 하노이의 호치민 영묘

02 수도 하노이

2019년 베트남 도시화율은 34.4%다. 2019년 기준으로 호치민시, 하노이, 하이퐁(2,028,514명), 깐토(1,235,171명), 다낭(1,134,310명), 비엔호아(1,055,414명), 투득(1,013,795명) 등 도시에 1,000,000명 이상이 살고 있다. 호치민시, 하노이, 하이퐁, 깐토, 다낭은 중앙직할시다. 대한민국 광역시와 유사하다.

하노이(河內)는 베트남의 수도다. 홍강 삼각주, 홍강 서편에 위치했다. 남쪽 1,720km에 호치민시가, 동쪽 105km에 하이퐁이 있다. 하노이의 2007년 인구는 3,398,889명이었다. 2008년 행정 개편으로 하노이 광역 수도권이 됐다. 수도권은 2022년 기준으로 면적 3,359.82㎢, 인구 8,435,700명이다. 도시 명칭은 롱비엔(龍編)으로 출발했다. 1010년 이후 탕롱(昇龍), 동관(東關), 동킨(東京), 박탄(北城)으로 변천했다. 1831년 하노이(河內)로 바꾼 이후 오늘에 이른다. '강안쪽'이라는 뜻이다.

BC 257년 하노이 북쪽에 꼬로아(Cổ Loa) 성채가 세워졌다. 1010년 리왕조(大瞿越)의 수도가 된 이후 역대 왕조의 정치 중심지였다. 1802년 응우옌 왕조가 수도를 안남의 후에(Huế)로 옮겼다. 1873년 프랑스가 들어왔다. 1887-1954년 기간 프랑스령 인도차이나의 중심지였다. 1945년 베트남의 정부 소재지가 들어섰다. 1946-1954년의 제1차 인도차이나 전쟁 중 프랑스가 다시 점령했다. 프랑스가 물러난 뒤 1954-1976년 기간 베트남 민주공화국 수도

그림 4 **베트남 수도 하노이의 「랜드마크 72」(좌)와 「롯데 타워」(우)**

였다. 1976년 통일 이후에는 베트남 사회주의 공화국의 수도다. 2010년 정도 1,000주년을 축하하는 행사를 거행했다. 1975년 베트남 민주공화국의 초대 대통령 호치민(1890-1969)의 영묘가 하노이에 세워졌다.그림 3

　하노이에는 유적지, 대통령궁, 국회의사당, 정부 기관, 호안끼엠 호수, 서호, 바비국립공원 등이 있다. 1011년 리 왕조 때 탕롱 황성(皇城 昇龍)을 건축했다. 1812년 응우옌 왕조 시기 하노이 깃대탑이 세워졌다. 2010년 유네스코세계유산에 등재됐다. 하노이 바딘 지구에는 대통령 궁, 끄아박 교회, 외교부 등 정부 기관, 외국 대사관이 있다. 호안끼엠 지구에는 오페라 하우스, 성 요셉 대성당, 롱비엔 다리, 통킹 궁전, 대법원, 박물관, 중앙역, 중앙은행, 외국 대사관 등이 위치했다. 1990년대 이후 주거, 산업, 상업 지역이 개발됐다. 「하노이 랜드마크 72」는 2011년 대한민국 경남기업이 지었다. 높이

350m 72층 복합빌딩 1개동과 높이 212m 48층 주상복합 2개동이다. 오피스, 호텔, 쇼핑 기능을 갖췄다. 「롯데 센터 하노이」는 2014년 대한민국 롯데건설이 시공했다. 높이 267m 지상 65층, 지하 5층이다. 오피스, 호텔, 백화점, 마트, 사비스드레지던스, 전망대가 있다.그림 4

03 호치민시

호치민시는 베트남 최대도시다. 사이공강과 동나이강 하류에 있다. 2023년 기준으로 2,061.2㎢ 면적에 9,320,866명이 거주한다.

도시 명칭은 프레이 노코르(Prey Nôkôr), 자딘(嘉定), 사이공(Sài Gòn, 柴棍, Saigon), 호치민시로 변천했다. 사이공은 '숲 속의 마을'이란 뜻이다. 호치민시는 베트남 초대 대통령 호치민을 기리는 명칭이다. 이곳은 크메르 제국의 영토였다. 1698년 베트남 이주민이 들어와 살면서 베트남 행정 조직이 설립됐다. 1859년 「사이공」 명칭을 사용했다. 1887-1902년과 1945-1954년 기간 프랑스령 인도차이나의 수도였다. 1955-1975년 사이 남베트남인 베트남 공화국의 수도였다. 1975년 「호치민시」로 이름이 바뀌었다.

호치민시에는 통일궁, 호치민 시청, 벤탄 시장, 하이테크 파크, 사이공 오페라 하우스, 노트르담 사이공 대성당, 타오단 공원, 응우옌후에 대로, 탄손누트 국제공항, 사이공 항구 등이 있다. 호치민시의 「랜드마크 81」은 2018년 베트남 빈홈기업이 지었다. 높이 461.2m 81층 고층빌딩이다. 호텔, 오피스, 아파트, 소매 공간, 다층 전망대가 있다. 「비텍스코 파이낸셜 타워」는 2010년 대한민국 현대건설이 시공했다. 지상 68층, 지하 3층 규모로 높이 262.5m다. 오피스, 쇼핑몰, 레스토랑이 있다. 52층에 헬기장이 있다.그림 5

베트남의 공식어는 베트남어다. 2023년 기준으로 1인당 명목 GDP는

그림 5 **베트남 호치민시의 「랜드 마크 81」(좌)과 「비텍스코 파이낸셜 타워」(우)**

4,316달러다. 쌀, 후추, 커피, 고무, 사탕수수 등의 농산물과 석탄, 석유, 주석, 아연 등의 광물자원이 산출된다. 식품산업과 휴대전화 산업이 활성화됐다. 노벨평화상 수상자가 1명 있다. 종교는 민속/무종교가 73.7%다. 불교는 14.9%다. 기독교가 8.5%다. 하노이는 1010-1802년의 기간과 1945년 이래 베트남의 수도다. 후에는 1802-1945년 기간 베트남의 수도였다. 최대도시는 호치민시다.

60

타이 왕국

그림 1 **타이 왕국 국기**

01 태국 전개과정

타이 왕국은 약칭 태국이라 한다. 한자로는 泰王國(태왕국)으로, 영어로는 Thailand(타일랜드)라 표기한다. 1939년까지는 시암(Siam)이라 했다. 2022년 기준으로 513,120㎢ 면적에 69,648,117명이 거주한다. 수도는 방콕이다. 76개주로 구성됐다. 입헌군주국이다.

국호(國號) 쁘라텟 타이(ประเทศไทย)는 '자유의 땅'이란 뜻이다. 타이 왕국(泰王國)의 타이(ไทย)는 한자 '泰'를 음역한 것이다. '泰'는 중국어에서 '타이'라고 발음된다. 태국(泰國)은 타이 왕국의 준말이다. 1939년 국호를 Siam(시암)에서 타이로 바꾸었다. 시암은 음역어로 섬라(暹羅), 섬라곡국(暹羅斛國)이라 한다. 1939년 이전에는 시암 국민을 샴인(Siamese)으로 불렸다. 1945년 국호를 타이에서 시암으로 되돌렸다. 1949년 국호를 다시 타이로 고쳐서 오늘에 이르고 있다.

태국 국기(RTGS, thong trai rong, '삼색깃발'을 의미)는 빨간색, 흰색, 파란색, 흰색, 빨간색의 5개 가로 줄무늬 국기다. 중앙의 파란색 줄무늬는 각 줄무늬보다 두 배 더 넓다. 1917년 9월 28일 채택됐다. 채택된 날은 태국 국기를 기념하는 국경일로 지정됐다. 빨간색은 땅과 사람을, 흰색은 종교를, 파란색은 군주제를 나타낸다. 태국에는 1680년 이후 붉은 바탕의 직사각형 깃발을 사용한 기록이 있다.그림 1

태국의 공식어는 태국어다. 전체 인구의 96%가 중부 태국어를 사용한다. 2011년 태국은 62개의 언어를 공식적으로 인정했다. 태국어 외에 자주 쓰이는 언어는 라오스의 공용어인 라오어다. 라오어는 라오스 국경에서, 카렌어는 미얀마 국경에서, 크메르어는 캄보디아 근처에서, 말레이어는 말레이시아 근처에서 사용된다. 국제 언어는 버마어, 카렌어, 영어, 중국어, 일본어, 베트남어 등이다. 인종은 태국인이 80%, 태국계 중국인 10%, 말레이인 7%, 크메르인 3%다. 태국인 분포를 지역별로 보면 중부에 태국인 37%, 북동부에 태국 라오어 25%, 북부에 란나 8%, 남부에 담브로 8%, 서부에 태국인 2%가 산다.

태국 국토의 중심은 평평한 짜오프라야강 계곡이다. 동쪽은 메콩강과 경계를 이룬다. 남부는 말레이 반도까지 넓어지는 크라 지협이다. 북쪽은 고원 산악 지역이다. 북동쪽 이산(Isan)은 코랏 고원이다. 짜오프라야강과 메콩강은 주요 수로다. 태국만의 동쪽 해안은 심해항과 상업항의 산업중심지다. 푸켓, 크라비, 라농, 팡아, 뜨랑 등은 안다만해 연안에 있다. 태국은 5월 중순부터 10월 중순까지 몬순 기후의 영향을 받는다. 태국 대부분의 기후는 온화하다. 대기질 환경은 개선해야 할 분야로 거론된다.

BC 691-BC 638년 태국 북부에 도시 국가 심하나바티(Simhanavati)가 존속했다. 동남아 반도에는 몬족과 크메르인이 살고 있었다. 타이족은 11세기경 중국 남서부에서 동남아 반도 태국 영토로 이주해왔다. 태국계 왕조인 수코타이 왕국(1238-1448), 란나 왕국(1262-1775), 아유타야 왕국(1351-1767)은 인도 문화의 영향을 받은 주변 군주국들과 경쟁을 벌였다. 14세기말 원나라가 섬라곡국(暹羅斛國)을 섬라국(暹羅國)으로 인정했다. 아유타야 왕국 시기인 1511년부터 포르투갈과 교역을 시작해 번성했다. 1767년 아유타이 왕국은 버마-태국 전쟁으로 소멸했다. 태국은 1767-1782년 기간의 톤부리 왕조를 거쳐 오늘날 차크리(Chakri) 왕조(1782-현재)로 이어오고 있다. 1932년 입헌 군주국이 됐다. 현행 헌법은 2017년 4월 6일 제정됐다. 1896년 영국과 프랑스는 짜오프라야강 계곡을 완충지역으로 정했다. 이런 연유로 태국은 서구의 해외 영토가 되는 경험을 겪지 않았다.

태국 경제는 수출 지향적이다. 수출은 2021년 GDP의 58%를 차지했다. 2012년 기준으로 부문별 GDP는 농업 8.4%, 산업 39.2%, 서비스 52.4%다. 2023년 기준으로 1인당 명목 GDP는 7,298달러다. 2021년 기준으로 고용 비율은 농업 31.6%, 산업 22.5%, 서비스업 45.9%다. 농산품은 쌀, 수산물, 타피오카, 고무, 곡물, 설탕, 가공 식품 등이다. 태국 농부 중 60%가 태국 경작지의 절반에서 쌀을 재배한다. 2014년 쌀 수출은 GDP의 1.3%였다. 산업별 구성 비율은 자동차/자동차부품 11%, 금융서비스 9%, 가전제품/부품 8%, 관광 6% 등이다.

태국은 왕실에 대한 믿음과 존경이 크다. 태국 문화에서 조상과 어른 공경은 중요하다. 종교는 2023년 기준으로 불교 90%, 이슬람교 4%, 기독교 3% 등이다. 태국은 불교의 나라다. 대부분이 상좌부 불교(Theravada) 신자다.

그림 2 태국의 수도 방콕과 킹 파워 마하나콘 빌딩

02   수도 방콕

방콕은 1782년 이래 태국의 수도다. 타이만으로 흘러드는 짜오프라야강 동쪽에 있다. 2020년 기준으로 1,568.737㎢ 면적에 10,539,000명이 거주한다. 방콕 대도시권 인구는 14,626,225명이다. 태국의 정치, 경제, 문화의 중심지다.

방콕의 법적 공식명칭은 끄룽텝 마하나콘(Krung Thep Maha Nakorn)이다. 줄여서 끄룽텝이라 한다. 프랑스어, 영어로 Bangkok(방콕)이라 표기한다. '시냇물 위의 마을'의 뜻이라 한다. 1782년 도시를 세우면서 제정됐다. 방콕의 정식명칭은 168자의 긴 지명으로 기네스 세계기록에 등재됐다. 팔리어와 산스크리트어 낱말이 대부분이다. 1989년 도시의 전체 이름을 반복해서 노래하는 『Krung Thep Maha Nakhon』이 발표됐다.

방콕은 새로 건설된 도로를 따라 수평적으로 확장됐다. 상업 지역에 고층 건물과 초고층 빌딩이 올라가면서 수직적으로 고층화됐다. 강을 따라 원도심에서 북쪽과 남쪽으로 교외화(Suburbanization)가 진행됐다. 논타부리, 빡끄렛, 랑싯, 사뭇 프라칸 등은 교외 지역이다. 도시의 동쪽과 서쪽 가장자리는 농업 지역으로 남아 있다. 도시의 토지 이용은 주거 23%, 농업 24%, 상업·산업·정부용 30%다.

방콕에는 비즈니스 지구가 여러 곳이다. 높이 90m 이상의 고층 건물이

581개 있다. 빠툼완의 시암/라차프라송 지역에 쇼핑몰과 상업 시설이 몰려 있다. 실롬/사톰 거리에 기업 본사, 호텔 등이 입지했다. 2016년 문을 연「킹 파워 마하나콘」은 실롬/사톤 중심 상업 지구에 있다. 높이 314m 77층의 호텔, 소매점, 레지던스 복합 용도 건물이다. 건물 측면을 잘라낸 직육면체 표면에 나선형의 유리 커튼벽으로 둘러싼 정사각형 프리즘 모양이 붙어 있다. 수쿰윗에 오피스 타워, 호텔, 소매점 등이 밀집해 있다. 1997년 개장한「바이욕 타워 II」는 높이 304m 85층의 호텔이다. 라차테위에 있다. 라차테위의 승전기념비 주변으로 100개가 넘는 버스 노선과 고가 기차역이 통과한다. 기념비에서 북쪽과 동쪽으로 이어진 도로는 주요 주거 지역과 연결된다. 소이에는 고급 주택이 있다. 고밀도 개발은 라차다피섹 내부 순환 도로의 113㎢ 지역 내에서 이뤄졌다. 라차다피섹에는 기업과 소매점이 위치했다. 짜뚜짝 지구의 라차요틴 교차로 주변에는 오피스 건물이 많다. 톤부리는 대부분 주거와 농촌 지역이다. 방콕에는 클롱 토이 등의 비공식 정착촌이 있다.그림 2

방콕의 역사적 중심지 프라나콘 지구의 라타나코신 섬에 왕궁과 불교 사원이 있다. 1897-1901년 라타나코신 섬 북쪽에 두싯 궁전이 들어섰다. 신고전주의 양식의 아난타 사마콤왕좌 홀, 왕궁에서 왕궁으로 이어지는 로열 플라자, 라차담넌 거리의 궁전 건물이 세워졌다. 주요 관공서와 민주기념탑이 길을 따라 입지했다. 태국 방콕의 왕궁은 1782년부터 시암 왕의 공식거주지였다. 수도를 톤부리에서 방콕으로 옮기면서 건축했다. 1932년 절대왕정이 폐지된 이후 모든 정부 기관은 궁 밖으로 옮겨갔다. 궁전 단지의 모양은 직사각형이며 총 면적은 218,400㎡다. 왕궁은 단일 구조가 아닌 수많은 건물, 홀, 넓은 잔디밭, 정원 및 안뜰 주변에 위치한 파빌리온으로 구성되어 있는 단지다. 에메랄드 부처 사원, 많은 공공 건물이 있는 외부 법원, 중간

그림 3 **태국 수도 방콕의 왕궁**

법원, 내부 법원 등이 있다. 오늘날 태국 왕가는 라타나코신 섬 두싯 궁전의
「치트랄라다 로얄 빌라」에서 거주한다.그림 3

　왓 프라깨우는 왕궁에 있는 불교 사원이다. 원래 이름은 「왓 빠아아」다.
'대나무숲 사원'이라는 뜻이다. 사원에 대나무가 자라고 있다. 에메랄드 부
처 사원이라고도 한다. 위셋차이시 문 바로 안쪽에 있다. 1784년 건축한 후,
계속해서 증축하고 복원했다. 귀중한 물건을 기증해 보물 성전으로 만들었
다. 승려가 사는 승당이 없는 왕실 사원이다. 법당 건축물, 부처상, 불탑만
있다. 중앙의 대웅전 우보솟에 75cm 높이의 에메랄드 불상이 모셔져 있다.
사원으로 들어가는 문은 세 개다. 중앙 문은 왕과 왕비가 출입한다. 사원 벽

그림 4 **태국 방콕의 에메랄드 부처 사원 왓 프라깨우**

은 하얀 색이다. 이 사원에서 중요한 국가/왕실 의식이 거행된다. 왕이 직접 주재하고 정부 관리들이 참석한다. 국가 최고의 예배 장소이자 군주제와 국가를 위한 국가 성지다.그림 4

왓 아룬은 짜오프라야강변에 있다. 「새벽 사원」이라고도 한다. 새벽 햇빛이 첨탑에 박혀있는 자기를 비추어 빛을 만들어 낸다고 한다. 중앙에는 크메르스타일 탑인 쁘랑이 있다. 중앙탑은 삼각형의 첨탑 모양을 하고 있다. 「시바신의 삼지창」을 나타낸다. 중앙탑 바깥에는 네 개의 위성탑이 서 있다. 높이 66.8-86m다.그림 5

태국의 공식어는 태국어다. 전체 인구의 96%가 중부 태국어를 쓴다. 2023년 기준으로 1인당 명목 GDP는 7,298달러다. 2021년 기준으로 농업 31.6%, 산업 22.5%, 서비스업 45.9%다. 종교는 2023년 기준으로 불

그림 5 **태국 방콕의 새벽 사원 왓 아룬**

교 90%, 이슬람교 4%, 기독교 3% 등이다. 태국의 불교는 상좌부 불교
(Theravada)가 주류다. 방콕은 1782년부터 태국의 수도다.

61

필리핀 공화국

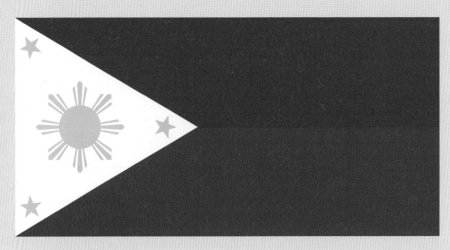

그림 1 **필리핀 공화국 국기**

01 필리핀 전개과정

필리핀(Pilipinas, 필리피나스)의 정식 명칭은 필리핀 공화국이다. 영어로 Republic of the Philippines으로 표기한다. 약칭 Philippines이다. 2020년 기준으로 300,000㎢ 면적에 109,035,343명이 거주한다. 루손섬, 비사야스 제도, 민다나오섬의 세 섬이 필리핀의 중심이다. 마닐라, 다바오, 케손시티, 세부 등의 도시가 발달했다.

1543년 스페인이 레이테섬과 사마르섬을 「펠리피나스(Filipinas)」라 명명했다. 카스티야의 필립 2세의 이름을 따서 지었다. 1935년 헌법으로 국호를 「필리핀 공화국」이라 정했다.

필리핀의 국기는 1898-1901년에 필리핀 초대 대통령 아기날도가 고안했다. 1998년 현재의 색상을 확정했다. 감청색과 진홍색의 동일한 줄무늬가 있는 수평 이색깃발이다. 흰색 정삼각형이 왼쪽 호이스트 부분에 있다. 호이스트의 흰색 정삼각형은 자유, 평등, 박애를 상징한다. 정삼각형의 중앙에는 8개 광선이 있는 황금빛 노란색 태양이 있다. 필리핀의 각 지방을 나타낸다. 정삼각형의 각 꼭지점에는 세 개의 황금빛 별이 있다. 각 별은 필리핀의 세 주요 섬인 루손섬, 비사야스 제도, 민다나오섬을 나타낸다. 깃발을 거꾸로 뒤집어 빨간색이 위에 표시되면 전쟁 상태를 나타내는 용도로 사용된다.그림 1

필리핀의 공식언어는 필리핀어와 영어다. 1987년 헌법으로 지정했다. 필리핀어는 표준화된 타갈로그어다. 타갈로그어와 세부아노어는 일반적으로 사용되는 모국어다. 필리핀에는 130-195개 언어가 있다. 필리핀어는 섬이 많은 필리핀에서 링구아 프랑카 역할을 한다. 필리핀 수화도 공식 언어다.

필리핀은 외국의 영향과 바다·지형에 따른 군도의 분할로 인종이 다양하다. 2010년 기준으로 필리핀 인종은 타갈로그 24.4%, 비사야 11.4%, 세부아노 9.9%, 일로카노 8.8%, 힐리가이논 8.4%, 비콜라노 6.8%, 와라이 4% 순이다.

2019년 기준으로 해외 필리핀인(Overseas Filipino)이 12,000,000명이 넘는다. 미국 4,037,564명(2018), 캐나다 957,355명(2021), 사우디 아라비아 922,490명(2015), 아랍 에미리트 919,819명(2013), 일본 275,000명(2021), 호주 408,836명(2021), 대한민국 52,379명(2014) 등이다.

필리핀은 7,641개 섬으로 이루어진 군도 국가다. 루손, 민다나오 등 큰 섬이 11개 있다. 11개 섬의 면적은 전체 육지 면적의 95%다. 필리핀은 태평양 불의 고리 서쪽 변두리에 위치했다. 지진과 화산 활동이 잦다. 1976년 모로만과 1990년 루손에서 화산이 폭발했다. 활화산이 23개다. 광물 자원이 풍부하다. 금, 구리, 팔라듐 매장량은 세계적이다. 생물다양성이 높다. 기후는 덥고 습한 열대 해양성 기후다.

선사시대에 네그리토(Negrito)가 살았다. BC 2200년경 오스트로네시아인이 대만에서 필리핀에 도착했다. 중국 당시대에 무역이 이뤄졌다. 14세기에 인도 문화가, 15세기에 이슬람 문화가 들어왔다. 1521년 마젤란이 필리핀에 도착했다. 1565년 필리핀은 스페인의 해외영토가 됐다. 1571년 마닐라는 스페인 동인도 제도의 수도가 됐다. 19세기 필리핀 항구가 개방됐다.

그림 2 **필리핀 세부의 바실리카 델 산토 니뇨**

1896-1898년에 필리핀 혁명이 일어났다. 1898년 6월 12일 필리핀은 스페인으로부터 독립했다. 6월 12일은 필리핀 독립기념일이다. 1962년 국경일로 지정했다. 필리핀 제1공화국(1899-1901)이 수립됐다. 미국이 1898년의 미서전쟁(美西戰爭)과 1899-1902년의 필리핀-미국 전쟁에서 승리했다. 제1공화국은 소멸했다. 1902-1946년 사이 필리핀은 미국의 해외영토가 됐다. 영어와 서양 문화가 들어왔다. 1942-1945년 기간 일본이 침공했으나 물러갔다. 1946년 필리핀은 미국으로부터 독립했다.

필리핀은 신흥 산업 국가다. 2022년 기준으로 부문별 GDP는 농업 8.9%, 산업 29.7%, 서비스 61.4%다. 2023년 기준으로 1인당 명목 GDP는 3,859

달러다. 2023년 기준으로 직업별 노동력은 농업 24.6%, 산업 15.9%, 서비스 59.5%다. 2022년 기준으로 수출품은 전자제품 57.8%, 농산물 9.5%, 미네랄 제품 4.9%, 제조품 4.8%, 점화 배선 3.6%, 기계 및 운송장비 3.6% 등이다. 2021년 노벨평화상 수상자 1명을 배출했다.

필리핀 종교는 2020년 기준으로 가톨릭 78.8%, 이글레시아 니 크리스토 2.6%, 필리핀 독립교회 1.4%, 기타 기독교 1.9%, 이슬람 6.4% 등이다. 기독교가 84.7%다. 1521년 마젤란이 세부에 들어오면서 가톨릭이 전파됐다. 1565년 세부에 성자 대성당이 세워졌다. 정식 명칭은 바실리카 델 산토 니뇨다. 「거룩한 어린이의 작은 대성당」이라고도 한다. 현재의 건물은 1740년 완공됐다. 1965년 교황 바오로 6세는 성자 대성당을 「필리핀 기독교의 탄생과 성장의 상징」이라고 선언했다. 교황청은 이 교회를 「필리핀 모든 교회의 어머니이자 머리」로 지정했다. 매년 1월 셋째 일요일에 「시눌로그-산토 니뇨 축제」가 개최된다. 1,000,000명 이상이 모이는 '필리핀 최대의 축제'로 설명한다. 축제 전날에 거리 파티가 열린다.그림 2

02 수도 마닐라

필리핀의 행정 구역은 지방, 주, 도시로 구성됐다. 루손섬에 7개 지방, 비사야 제도에 4개 지방, 민다나오섬에 6개 지방 등 17개 지방이 있다. 행정 구역 전체는 7개 지방, 81개 주, 145개 시다.

마닐라는 필리핀어로 Maynila(마이닐라), 영어로 Manila, 스페인어로 Manila로 표기한다. 1574년 6월 10일 스페인 필립 2세는 '마닐라는 훌륭하고 충성스러운 도시'라고 천명했다. 마닐라는 1595년 이래 필리핀의 수도다. 루손섬 남서부에 입지했다. 마닐라 주변으로 파시그(Pasig)강이 흐른다. 2020년 기준으로 42.34㎢ 면적에 1,846,513명이 거주한다. 마닐라 대도시권은 메트로폴리탄 마닐라(약칭 메트로 마닐라)로 일컫는 마닐라 수도권이다. 636.00㎢ 면적에 13,484,462명이 거주한다. 메트로 마닐라는 1975년에 설정됐다. 메트로 마닐라는 센트럴 루손과 칼라바르손 지방 사이의 마닐라 만 동쪽 해안에 위치하고 있다. 16개 시와 1개 독립 자치단체로 구성되어 있다. 마닐라의 어원은 '닐라(nila) 꽃이 있다'란 뜻이다.

마닐라에는 산미구엘 지구의 대통령 관저 말라카냥 궁전, 파시그강 좌안의 인트라무로스, 관청가·호텔 거리인 에르미타 지구·말라테 지구, 마카티 중심업무지구, 리잘 공원과 해안을 낀 로하스 대로, 중류층 주택가인 파코·산타아나 지구, 파시그강 하구의 마닐라 항이 있다.그림 3

그림 3 **필리핀 수도 마닐라**

13세기 이전에 파시그강 유역에 주거지가 있었다. 1571년 5월 19일 스페인이 마닐라에 들어왔다. 1594년 차이나타운 비논도(Binondo)가 세워졌다. 스페인은 산 안토니오, 산 가브리엘 등 지역을 구성했다. 관청, 성당, 중앙광장, 아우구스티노 수도원, 마닐라 대성당, 산토도밍고 교회, 군사 시설, 숙소 등을 세웠다. 1607년 봉헌된 산 아우구스틴 교회는 2013년 유네스코 세계유산에 등재됐다. 인트라무로스(Intramuros) 지역이 발달했다. 인트라무로스는 '성벽 내부'라는 뜻이다.

메트로 마닐라의 마카티(Makati) CBD는 필리핀 금융/비즈니스 중심 지구다. 마카티는 '썰물'이란 뜻이다. 마카티 CBD는 벨에어, 샌안토니오, 산 로렌조, 우르다네타 등 4개의 바랑가이(Barangay) 내에 위치했다. 바랑가이는 '동(洞)'이란 뜻이다. 법률, 건설, 주식중개회사, 대기업의 본사, 은행, 신문, 출판, 자동차 등이 입지했다. 다국적 기업의 본사와 사업장이 100개 이상 있다. 아얄라 몰 등의 쇼핑센터, 헬스케어, 교육기관, 공원, 박물관 등이 갖춰져 있다. 교통 접근성이 좋다.

말라카낭 궁전(Malacañang Palace)은 필리핀 대통령의 공식 거주지다. 말라카낭은 '어부의 장소'라는 뜻이다. 말라카낭 용어는 종종 대통령, 고문, 대통령실을 가리키는 환유어로 사용된다. 1750년 건축한 이후 여러 차례 확장되고 개조됐다. 인트라무로스와 비논도에서 보트, 마차, 말을 타고 쉽게 접근할 수 있었다. 제2차 세계대전 중 궁전은 보전됐다. 1825년 스페인 총독의 여름 거주지가 됐다. 1863년 지진으로 인트라무로스 내 총독의 고베르나도르 궁전이 파괴됐다. 말라카낭은 스페인 통치의 공식 권력 중심지가 됐다. 1863년부터 스페인 총독 18명, 미국 군 총독 14명, 민간 총독 14명, 필리핀 대통령이 거주했다. 말라카낭 궁전 단지에는 바하이 나바토/신고전주의 스타일로 세워진 맨션과 사무실이 있다. 현관, 영웅의 전당, 그랜드 계단, 리셉션 홀, 리잘 홀, 레스토랑, 대통령 서재, 음악실, 침실, 접견실, 칼라얀 홀, 박물관, 도서관, 신 집행관, 마비니 홀, 보니파시오 홀, 공원 등이 있다.그림 4

필리핀의 공식언어는 필리핀어와 영어다. 2023년 기준으로 1인당 명목 GDP는 3,859달러다. 직업별 노동력은 농업 24.6%, 산업 15.9%, 서비스 59.5%다. 2020년 기준으로 기독교가 84.7%, 이슬람교가 6.4% 등이다. 가톨릭이 78.8%다. 마닐라는 1595년 이래 필리핀의 수도다.

그림 4 필리핀 수도 마닐라의 대통령 관저 말라카냥 궁전

LIENCHIANG

TAIPEI ← ■ → Keelung
City

TAOYUAN

New Taipei
City

Hsinchu ←
City

HSINCHU

YILAN

MIAOLI

KINMEN

Taichung City

CHANGHUA

HUALIEN

NANTOU

YUNLIN

PENGHU

Chiayi ←
City

CHIAYI

Tainan
City

Kaohsiung
City

TAITUNG

PINGTUNG

중화민국

그림 1 **중화민국 국기**

01 중화민국 전개과정

중화민국(中華民國, 종화민궈)은 공화국이다. 타이완(臺灣, 귀위)이라고도 한다. 타이완은 가장 큰 섬의 이름이다. 영어로 Republic of China, Taiwan으로 표기한다. 한국어로 중화민국, 대만(臺灣)이라 표기한다. 2022년 기준으로 36,197㎢ 면적에 23,894,394명이 거주한다. 수도는 타이페이다.

정식 국호는 중화민국이다. 1971년 중화민국은 UN회원국 지위를 잃었다. 중화인민공화국을 중국으로, 중화민국을 타이완이라고 부르는 경우가 많다. 중화인민공화국은 하나의 중국원칙을 제시했다. 중화인민공화국은 중화민국에 대한 영유권을 주장하며 중화민국 정부를 인정하지 않고 있다. 1983년 중화인민공화국 타이완 특별행정구라는 이름으로 제시된 바 있다. 타이완을 홍콩, 마카오와 같이 중화인민공화국의 특별행정구로 간주하고 있다. 중화민국은 1980년대부터 국제대회 등에서 중화 타이베이(中華臺北)라는 별칭을 사용하는 일이 있다. 중화민국 우편물 국가기호는 TW이다.

중화민국의 공식 국기는 청천백일만지홍기(青天白日滿地紅旗)다. 1895년 디자인이 제시됐다. 1906년 쑨원이 붉은 바탕을 추가했다. 1928년 중화민국의 공식 국기가 됐다. 1947년 헌법에 명기했다. 청색은 청명, 순수, 자유를 나타낸다. 적색은 희생, 유혈, 형제애, 한족을 상징한다. 백색은 정직, 이타, 평등을 의미한다. 태양에서 뻗어나오는 12개의 빛줄기는 국민들이 정진하고 자강불식할 것을 상징한다. 중화민국 국기는 대만섬, 펑후섬, 푸젠성 해안의 일부 연안섬, 일부 남중국해 섬에서 사용한다.그림 1

중화민국은 공용어가 없다. 베이징 만다린어, 대만 민난어, 객가어가 쓰인다. 중국 각지의 방언도 사용된다. 원주민은 각각 독자적인 언어를 쓴다.

1945년 국민당이 들어 오기 전부터 타이완에 살던 사람을 본성인(本省人)이라 한다. 명·청 시대에 들어온 한족계다. 국민당과 함께 이주해 온 사람은 다른 성에서 왔다고 하여 외성인(外省人)이라고 부른다. 타이완 주민은 본성인 85.3%, 외성인 13%, 오스트로네시아어족계 원주민 1.7%로 구성되어 있다. 한족계 본성인은 민난어와 객가어를 사용한다. 1945년 이후 타이완에 들어온 국민당이 베이징 만다린어를 표준어로 정하면서 언어 갈등이 발생했다. 본성인과 타이완 원주민은 민난어를 주로 사용했다. 외성인은 베이징 먼다란어를 썼다. 대만에서 외성인들이 본성인보다 경제적 영향력이 컸다. 본성인과 외상인의 갈등은 1947년 2.28사건으로 깊어졌다. 2.28사건을 계기로 국민당은 1947-1987년의 40년간 계엄령으로 타이완을 관리했다. 1987년 계엄령을 해제했다. 1988년 타이완 출신이 총통이 되면서 갈등이 다소 완화됐다. 외국인은 미국인, 일본인, 필리핀계 말레이인, 베트남인, 몽골인, 티베트인 등이 있다.

타이완섬의 대부분은 산지 지형이다. 산악 지형이 타이완섬 동쪽 3분의 2를 차지한다. 평지 지형은 서해안에 펼쳐져 있다. 서부 평지에 인구가 밀집되어 있다. 타이완섬 중앙부에 위치한 위산(玉山)은 높이 3,952m로 제일 높다. 남중국해 둥사 군도와 난사 군도의 섬은 무인도다.

대만 원주민은 6,000년 전에 대만에 정착했다. 1624년 네덜란드가 들어와 네덜란드 해외 영토를 구축했다. 1683년부터 청나라가 대만을 관리했다. 1895년 청일 전쟁에서 청나라가 졌다. 시모노세키 조약으로 일본이 대만을 관리했다. 1945년 일본이 물러간 후 대만은 중화민국에 편입됐다.

대만은 국부천대(國府遷臺) 이후 달라졌다. 국부천대는 '국민당정부 대만 파천'의 약어다. 중국의 합법정부였던 중화민국 정부가 중국 본토를 떠나 대만섬으로 옮겨간 사건을 일컫는다. 국부천대 과정에서 2,000,000명 규모의 중화민국 정부 관리 및 국민당 당원과 지지자들이 대만으로 이주했다. 국부천대는 1949년 12월 7일 단행됐다. 국부천대 이후 타이페이를 수도로 선포했다.

1945년 10월 25일 창설된 유엔에서 중화민국은 「안보리 상임이사국」 지위를 가진 주요 회원국이었다. 1949년 중화민국이 대만섬으로 국부천대했다. 「유엔 헌장 서명국이자 제2차 세계대전 승전국」의 법통이 쟁점화 됐다. 1971년 10월 25일 개최된 유엔 총회에서 표결이 이뤄졌다. 중화인민공화국은 중국 대표의 지위를 취득했다. 중화민국은 유엔에서 탈퇴했다. 1972년 대만은 일본과 단교했다. 1975년 지도자 장제스가 사망했다. 1979년 대만은 미국과 단교했다. 1988년 최초의 본성인(本省人) 출신이 총통이 됐다. 1992년 8월 24일 대만은 대한민국과 단교했다. 그러나 1993년 대한민국과 비공식 외교관계를 수립했다. 영사, 경제 등 민간 협력관계를 회복했다. 1996년 국민에 의한 첫 총통 선거를 실시했다. 2000년 중화민국 헌법제정 이래 민주적인 정권교체가 이뤄졌다. 2024년 제16대 총통이 당선됐다.

중화민국과 중화인민공화국은 하나의 중국을 고수한다. 각자가 유일한 합법정부라고 주장한다. 중화인민공화국은 중화민국의 존재를 인정하는 국가와는 수교를 금하고 있다. 대만의 본성인 영향력이 확대되면서 중화민국이 아닌 타이완 공화국을 세우려는 움직임이 등장했다.

중화민국은 수출 중심의 산업화된 경제 구조다. 컨테이너, 반도체, 인공지능, 로봇밀도, TV세트판매 산업이 세계적이다. 철강, 기계공업, 전기업, 화학 공업, 제조업 등이 활성화됐다. 2017년 기준으로 부문별 GDP는 농업 1.8%, 산업 36%, 서비스 62.1%다. 2023년 기준으로 1인당 명목 GDP는 32,339달러다. 2022년 기준으로 직업별 노동력은 농업 5%, 산업 30%, 서비스 65%다. 노벨상 수상자가 4명 있다. 2002년 중화민국은 세계무역기구(WTO)에 가입해 세계 자유 무역 체제와 일체화됐다.

중화민국의 문화는 중국 문화, 원주민 문화, 일본 문화, 서구식 가치, 유교적 이념 등이 섞여 있다. 국립고궁박물원에 650,000만 점 이상의 중국 문화재가 소장되어 있다. 1933년부터 수장고에 보관했던 자금성의 황제 수집품이 대만섬으로 이전됐다. 국립역사박물관, 타이완성립박물관, 타이중 국립타이완미술관에 중국의 민속 문물과 현대 예술 작품 등이 전시되어 있다.

대만의 종교는 2020년 추정으로 불교가 35.1%다. 도교는 33.0%다. 기독교가 3.9%다. 일관도 3.5%, 천지교 2.2%다.

02 수도 타이페이

대만의 신베이(4,000,164명), 타이중(2,809,004명), 가오슝(2,773,229명), 타이페이(2,494,813명), 타오위안(2,230,653명), 타이난(1,883,078명), 신주(453,536명), 지룽(369,820명) 등의 도시에 사람들이 다수 살고 있다.

타이베이시(臺北市/台北市)는 중화민국의 수도다. 영어로 Taipei라 표기한다. 타이베이 분지에 위치한다. 2023년 추정으로 271.80㎢ 면적에 2,494,813명이 거주한다. 외항인 지룽, 주변의 신베이시(新北市)를 포함한 대타이페이 인구는 7,047,559명이다.

타이페이는 18세기 이전까지 고산족 케타갈란족의 거주지였다. 1709년부터 푸젠성에서 온 한족이 타이베이에 정착하기 시작했다. 1875년 대만 북부는 타이완부(臺灣府)로 분리됐다. 성내로 알려진 완화/만화(萬華)와 다다오청(大稻埕)에 행정 관청이 세워졌다. 1875-1895년까지 부청 소재지였다. 1886년 타이완성 성도가 됐다. 1894년 대만의 공식 수도가 됐다. 1895년 이후 타이베이는 일본어로 다이호쿠라 불렸다. 대만총독부가 들어섰다. 1945년 일본이 물러가면서 타이베이시로 개칭됐다. 1967년 7월 1일 직할시가 됐다. 1968년 주변 지역을 합병했다.

신이(象山, Xinyi) 지구는 타이페이 상업 지역이다. 2023년 기준으로 11.2㎢ 면적에 204,414명이 거주한다. 1990년대 이후 본격적으로 개발됐다. 타이

그림 2 중화민국의 수도 타이페이

베이 101, 타이페이 시청, 타이베이 국제 컨벤션 센터, 타이베이 세계 무역센터, 쑨원 기념관, 신콩 미스코시 백화점, 쇼핑몰, 에스라이트 서점, 비쇼 시네마, ATT 4 FUN, 엔터테인먼트 시설 등이 있다. 「타이페이 101」은 높이 508.2m 101층의 복합 타워빌딩이다. 2004년 문을 열었다. 오피스, 레스토랑, 상점, 전망대가 있다. 신이 지구에는 역사적인 탄광, 계엄령 시대 피해자 기념공원, 타이페이를 전망할 수 있는 높이 183m의 샹산 등이 있다.그림 2

시먼띵(西門町)은 타이베이 젊은이 거리다. 영화관, 노래방, 길거리 음식 등이 있다. 연예인 프로모션, 싸인회, 악수회, 콘서트가 열린다.

그림 3 **중화민국 타이페이 네이후의 타이딩 대로**

타이페이에 네이후 기술공원이 있다. 네이후는 '내부 호수'를 뜻한다. 1995년 홍수가 발생하는 이 지역을 정비해 타이딩 대로가 있는 기술공원으로 조성했다. 코스트코, 까르푸, B&Q 등 대형마트가 입지했다. 1990년 대와 2000년대 초반 타이베이 지하철이 네이후까지 확장되면서 주거/상업 지역으로 성장했다. 트랜스아시아 항공, 델타 일렉트로닉스, RT마트 본사가 있다.그림 3

그림 4 **중화민국 신주과학공원의 TSMC**

　　TSMC는 대만의 반도체 파운드리 제조 기업이다. 중국어로 台灣積體電路製造股份有限公司라 한다. 영어로 Taiwan Semiconductor Manufacturing Company로 표기한다. 줄여서 TSMC라 한다. 세계 파운드리 시당 점유율이 60%다. 530개의 기업들을 위해 12,000개 이상의 반도체를 제조한다. 애플, 퀄컴, 엔비디아, 미디어텍, AMD, 브로드컴, 마벨 테크놀로지스 등이 요청하는 반도체들을 생산한다. TSMC는 1987년 창립됐다. 1980년에 세워진 신주과학공원에 입지해 있다. 신주시는 타이페이로부터 남서쪽으로 86.4km 떨어져 있다. 신주시에는 2023년 기준으로 104.15㎢ 면적에 453,536명이 산다.그림 4

중화민국에는 공용어가 없다. 베이징 만다린어, 대만 민난어, 객가어, 중국 방언, 원주민 언어를 쓴다. 컨테이너, 반도체, 인공지능, 로봇밀도, TV세트판매 산업이 세계적이다. 2023년 기준으로 1인당 명목 GDP는 32,339달러다. 노벨상 수상자는 4명이다. 종교는 2020년 추정으로 불교가 35.1%다. 도교는 33.0%다. 기독교가 3.9%다. 일관도 3.5%, 천지교 2.2%다. 타이페이는 1894년 이래 대만의 수도다.

그림출처

X. 동아시아

53. 대한민국

◑ 위키피디아

그림 1, 그림 2, 그림 3, 그림 5, 그림 6, 그림 7, 그림 8, 그림 9, 그림 10, 그림 11, 그림 12, 그림 13, 그림 14, 그림 15, 그림 16, 그림 17, 그림 18, 그림 19, 그림 20, 그림 21, 그림 22, 그림 23, 그림 24, 그림 25, 그림 26, 그림 27, 그림 28, 그림 30

◑ 저자 권용우

그림 22

◑ The Seoul Guide

그림 4

◑ 대한민국대통령실

그림 8

◑ 나무위키

그림 21

◑ 행정중심복합도시

그림 29

54. 중화인민공화국

◑ 위키피디아

그림 1, 그림 2, 그림 3, 그림 4, 그림 5, 그림 6, 그림 7, 그림 8, 그림 9, 그림 10, 그림 11, 그림 12, 그림 13, 그림 14, 그림 15, 그림 16, 그림 17, 그림 18, 그림 19, 그림 20, 그림 21, 그림 22, 그림 23, 그림 24, 그림 25, 그림 26

◑ 저자 권용우

그림 4

◑ 중국산동성문화관광청

그림 23

55. 일본국

◑ 위키피디아

그림 1, 그림 2, 그림 3, 그림 4, 그림 5, 그림 6, 그림 7, 그림 8, 그림 9, 그림 10, 그림 11, 그림 12,
그림 13, 그림 14, 그림 15, 그림 16, 그림 17, 그림 18, 그림 19, 그림 20, 그림 21

XI. 동남아시아

56. 인도네시아 공화국

◑ 위키피디아

그림 1, 그림 2, 그림 3, 그림 4, 그림 5

◑ 저자 권용우

그림 3

57. 말레이시아

◑ 위키피디아

그림 1, 그림 2, 그림 3, 그림 4, 그림 5, 그림 6

◑ 저자 권용우

그림 2

58. 싱가포르 공화국

◑ 위키피디아

그림 1, 그림 2, 그림 3, 그림 4, 그림 5, 그림 6

59. 베트남 사회주의 공화국

◑ 위키피디아

그림 1, 그림 2, 그림 3, 그림 4, 그림 5

60. 타이 왕국

◑ 위키피디아

그림 1, 그림 2, 그림 3, 그림 4, 그림 5

61. 필리핀 공화국

◑ 위키피디아

그림 1, 그림 2, 그림 3, 그림 4

62. 중화민국

◑ 위키피디아

그림 1, 그림 2, 그림 3, 그림 4

색인

ㅈ

기타

저자 소개

권용우

서울 중·고등학교

서울대학교 문리대 지리학과 동 대학원(박사, 도시지리학)

미국Minnesota대학교/Wisconsin대학교 객원교수

성신여자대학교 사회대 지리학과 교수/명예교수(현재)

성신여자대학교 총장권한대행/대학평의원회 의장

대한지리학회/국토지리학회/한국도시지리학회 회장

국토해양부·환경부 국토환경관리정책조정위원장

국토교통부 중앙도시계획위원회 위원/부위원장

국토교통부 갈등관리심의위원회 위원장

신행정수도 후보지 평가위원회 위원장

경제정의실천시민연합 도시개혁센터 대표/고문

「세계도시 바로 알기」YouTube 강의교수(현재)

『교외지역』(2001)『수도권공간연구』(2002)『그린벨트』(2013, 2024, 2판)

『도시의 이해』(1998, 2002, 2009, 2012, 2016, 전 5판),『도시와 환경』(2015)

『세계도시 바로 알기 1, 2, 3, 4, 5, 6, 7, 8, 9』(2021, 2022, 2023, 2024) 등

저서(공저 포함) 82권/학술논문 152편/연구보고서 55권/기고문 800여 편

세계도시 바로 알기 8 - 동아시아 · 동남아시아 -

초판발행   2024년 2월 18일
초판2쇄발행   2024년 9월 11일

지은이   권용우
펴낸이   안종만 · 안상준

편 집   배근하
기획/마케팅   김한유
표지디자인   BEN STORY
제 작   고철민 · 김원표

펴낸곳   (주) 박영사
                서울특별시 금천구 가산디지털2로 53, 210호(가산동, 한라시그마밸리)
                등록 1959. 3. 11. 제300-1959-1호(倫)

전 화   02)733-6771
f a x   02)736-4818
e-mail   pys@pybook.co.kr
homepage   www.pybook.co.kr
ISBN   979-11-303-1992-6   93980

정 가   16,000원